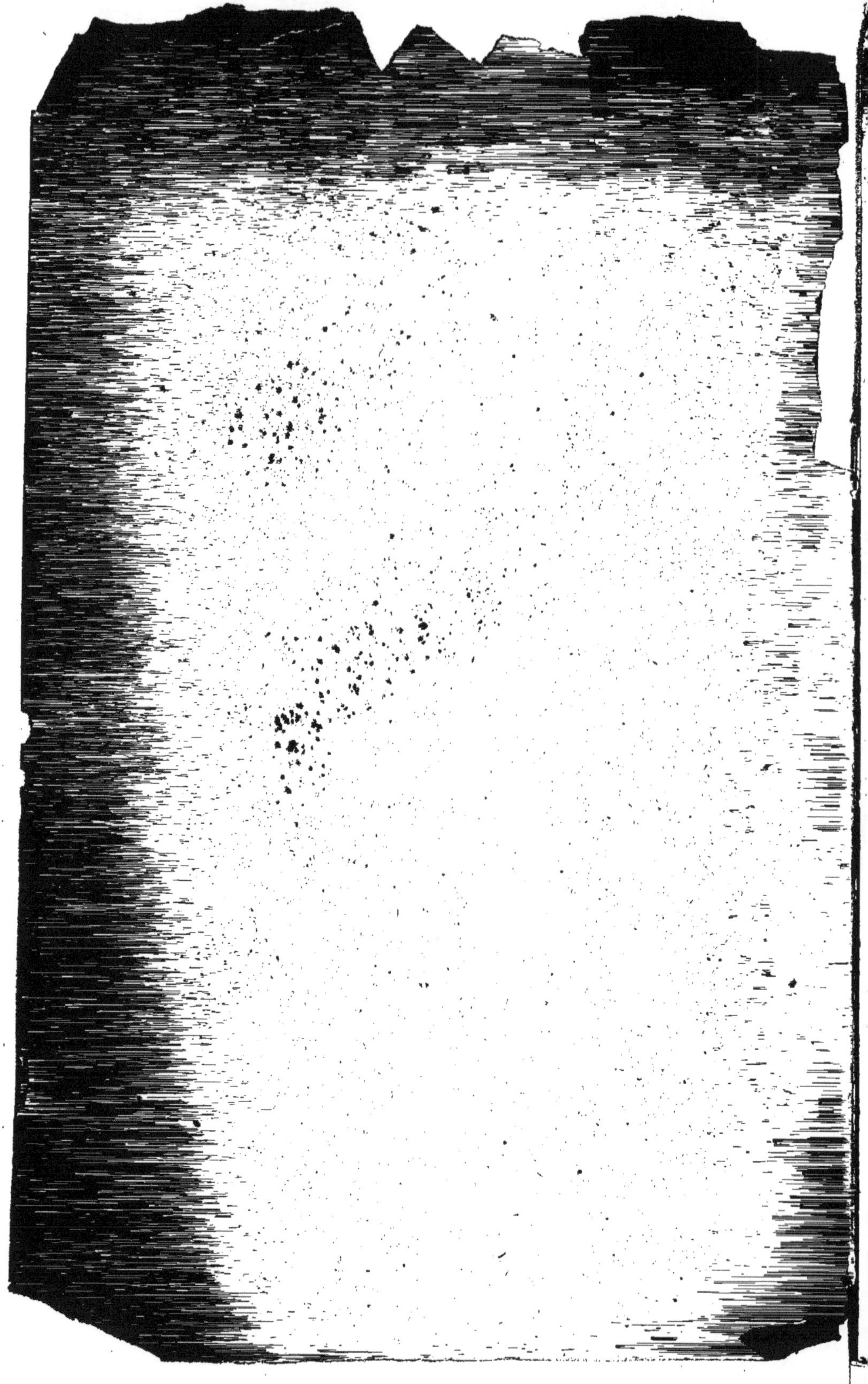

LE CANTAL

ET LE

CHEMIN INDUSTRIEL DE VENDES A SAINT-DENIS

EXTRAIT

DE QUELQUES ARTICLES DE M. Z.

SUR CETTE MATIÈRE

AURILLAC

IMPRIMERIE ALEXANDRE PINARD

RUE NEUVE ET RUE DE LA BRIDE.

PREMIER ARTICLE

---

12 janvier 1875.

Nous lisons dans le numéro du *Journal des Travaux publics*, du 24 décembre 1874, l'article suivant :

« Une Compagnie s'est constituée pour demander la
« concession d'un chemin de fer *industriel à voie étroite*,
« qui aurait une longueur de 114 kilomètres. Il desservi-
« rait le bassin de Champagnac, qui renferme de si grandes
« richesses minérales ; nous voulons parler de la ligne
« de Champagnac à Saint-Denis-lès-Martels, dont il a été
« question dans notre numéro du 13 décembre, à l'oc-
« casion des délibérations du Conseil général du Cantal.
« Cette Compagnie n'a demandé ni subvention ni ga-
« rantie d'intérêts, mais les localités traversées par le
« chemin *industriel* de Champagnac à St-Denis *insistent*
« pour qu'il soit utilisé en même temps au transport
« des voyageurs et des marchandises.
« La Compagnie ne s'y refuse pas, mais elle demande
« qu'il lui soit accordé, dans ce cas, une subvention
« correspondant aux dépenses supplémentaires qui lui

« incomberaient. Cette subvention serait de 25,000 francs
« par kilomètre. Il serait juste de l'accorder, etc. »

Si cet article est l'expression de la vérité, et nous avons
des raisons pour croire qu'il en est ainsi, il est donc bien
vrai que la Compagnie de Champagnac demandait à construire un chemin de fer pour son usage spécial, unique.

Il est donc vrai que ce n'est pas de son propre mouvement que cette Compagnie industrielle a offert de laisser
utiliser le chemin au transport des marchandises et des
voyageurs, et qu'elle n'a consenti à renoncer à sa première
idée que sur l'*insistance* des populations riveraines.

Il est non moins vrai qu'elle demande une indemnité de
25,000 francs par kilomètre, et que, si cette indemnité lui
était refusée, elle ne s'engagerait point à transporter des
voyageurs et des marchandises.

Or, quelqu'un, même à Champagnac, est-il dans les
secrets du Gouvernement, et quelqu'un peut-il affirmer
que la subvention demandée sera accordée?

C'est absolument comme quand on fait des prières pour
avoir la pluie ou le beau temps. On ne sait si on a été
écouté que quand la pluie ou le beau temps sont arrivés.

Qui donc peut dire actuellement que la Compagnie des
houillères de Champagnac, de Lempret et autres lieux,
transportera des voyageurs et des marchandises, et qu'il y
aura une gare à Vendes et une autre à Saint-Projet ?

Il ne nous a point été donné, quelques recherches que
nous ayons faites, de lire le procès-verbal de la commission d'enquête du Cantal, mais nous trouvons au folio 29
du procès-verbal de la session ordinaire d'octobre 1874 du
Conseil général du Cantal le paragraphe suivant :

« La Commission chargée de donner son avis sur le
« résultat de l'enquête, sur l'utilité du chemin et sur les
« diverses questions qui peuvent s'y rattacher, s'est
« réunie à la Préfecture le 23 septembre dernier, et a
« donné un avis favorable.

« *Elle ne l'a fait toutefois qu'après avoir reçu du Direc-*

« *teur des mines de Champagnac l'assurance que la Com-*
« *pagnie qu'il représente, dans le cas où elle obtiendrait la*
« *concession demandée, s'engagerait, par son cahier des*
« *charges, à faire*, sur tout le parcours de la ligne, *le*
« *transport des voyageurs et des marchandises d'autre*
« *provenance que les houilles de Champagnac,* aux mêmes
« conditions et de la même manière que les autres com-
« pagnies de chemins de fer. »

Quel est le sens de cette condition imposée par le Conseil général du Cantal?

Nous avons pris des renseignements auprès d'ingénieurs sérieux, et il nous a été affirmé que jusqu'à ce jour le Gouvernement et le Conseil général des ponts et chaussées n'avaient jamais accordé l'autorisation de transporter des voyageurs et des marchandises de toute provenance que sur des voies à section normale de 1 mètre 44 centimètres, à rampes et pentes d'une inclinaison maximum de 3 centimètres, à courbes d'un rayon minimum de 250 mètres et à alignements droits, entre deux courbes consécutives de direction opposée, de 100 à 50 mètres de longueur.

Le Conseil général du Cantal, en indiquant qu'il ne donnait son adhésion qu'à la condition que le transport des voyageurs et des marchandises s'effectuerait sur cette ligne *aux mêmes conditions et de la même manière* que sur les *autres* lignes de chemins de fer, n'a point visé évidemment les chemins de fer à voie réduite qui se construisent en Écosse et aux Indes, non plus que ceux qui se trouvent en embryon dans la tête des sectateurs de l'idée des chemins à voie étroite.

Il ne peut, selon nous, avoir eu dans sa pensée que les chemins de fer français. Ce n'est pas une nouvelle théorie à laquelle il a voulu donner son adhésion. Il n'a, au contraire, à moins que nous ne comprenions plus la langue française, que voulu se mettre en garde contre une dangereuse nouveauté.

Le 7 décembre dernier, le Conseil général des ponts et chaussées, qui avait refusé en juillet 1874 la déclaration d'utilité publique au chemin concédé de Vendes à Saint-Projet-de-Montsalvy, passant par Mauriac, a approuvé le projet de la Compagnie de Champagnac.

Nous ne sommes point dans le secret des Dieux, mais nous aimons à croire que c'est sous la condition imposée par le Conseil général du Cantal que l'approbation a été donnée par le Conseil général des ponts et chaussées.

Cependant, si nos renseignements sont exacts (notre police, on le comprendra, a des raisons pour n'être pas aussi bien renseignée que celle de Champagnac), la Compagnie continuerait ses études de chemin à voie réduite, à section d'un mètre, à courbes et à pentes fantaisistes, à dévers démesurés.

Cependant, malgré la condition imposée par le Conseil général du Cantal d'établir *sur tout le parcours* un service de voyageurs et de marchandises, nous trouvons dans le rapport fait à son Conseil général, en octobre 1874, par M. le Préfet de la Corrèze, le passage suivant :

« La dépense est évaluée à 9,300,000 fr.; elle atteindrait
« le chiffre de 10,000,000 si l'on établissait un service de
« voyageurs entre Argentat et Saint-Denis. »

M. le préfet de la Corrèze ne connaissait-il pas la condition imposée par le Conseil général du Cantal, et, s'il la connaissait, pourquoi n'a-t-il parlé que de la faible section d'Argentat à Saint-Denis, alors que, comme il le dit lui-même (page 93), la voie emprunte le territoire du département de la Corrèze dans presque tout son parcours (même de l'embouchure de la Sumène jusqu'à Spontour, sur une longueur de 22 kilomètres 400 mètres)?

Si M. le Préfet de la Corrèze s'est trompé, il ne faut pas que la Compagnie de Champagnac, qui, très-probablement, a fourni les éléments du rapport erroné ou incomplet, montre autant de venin à ceux qui, tout aussi faillibles qu'elle, s'exposent à commettre des erreurs.

S'il ne s'est pas trompé, et si la voie des voyageurs doit réellement être arrêtée à Argentat, au lieu d'être continuée vers Rivière et Graffeuil, on doit interpréter ces mots : « sur tout son parcours, » qui se trouvent dans la phrase conditionnelle du Conseil général du Cantal, en ce sens que ce Conseil, ne pouvant prendre de décision que dans son département, la condition doit être considérée comme non avenue pour toute la partie de la ligne qui se trouve sur le territoire de la Corrèze.

Il y aurait alors, pour satisfaire aux exigences du Cantal, un service de voyageurs entre Vendes et Saint-Projet ou Spontour, puis un autre service de voyageurs entre Saint-Denis et Argental.

Qu'y aurait-il entre les deux tronçons?

On a dit qu'il y *aurait* une gare à Vendes.

Il n'y a que M. le ministre des travaux publics et l'Assemblée qui puissent produire une pareille affirmation.

Si on avait parlé d'une gare à Largnac ou à la Barandie, nous aurions compris peut-être. Une gare à Vendes : nous ne comprenons pas.

Cette gare supposée, il faudra bien qu'elle se trouve d'une façon quelconque en relation avec la gare de la Compagnie de Clermont à Tulle. Or, on ne connaît pas (même à Champagnac) à quelle altitude la grande Compagnie établira sa station.

Si cette Compagnie s'est arrêtée à la Barandie, c'est exclusivement, ainsi que l'a exposé M. l'ingénieur Ceccaldi à la commission d'enquête réunie à Mauriac, parce que la direction du chemin vers Aurillac étant encore à l'étude, il était impossible de savoir à quelle hauteur il fallait que le chemin de fer accostât Vendes pour que le raccordement pût être établi entre le tronçon d'Eygurande à Vendes et le tronçon de Vendes à Aurillac.

Le Conseil général du Cantal, le Conseil général des ponts et chaussées ont approuvé cette réserve, et nous doutons que jamais M. le ministre des travaux publics autorise la Compagnie de Champagnac, dont la station à Vendes doit se trouver forcément en rapport avec la station de la grande ligne, à construire une gare sur un palier qui peut facilement se trouver de 100 mètres en contre-haut ou de 100 mètres en contre-bas du palier qui sera indiqué par la grande Compagnie.

Si nul ne peut donner l'altitude de la station, qui peut donner l'altitude du chemin depuis le point forcé qui se trouve en dessous des ruines de Charlus au passage à niveau de la route N° 122 jusqu'à l'extrémité du ravin du Mas?

Ainsi, s'il n'y a pas de subvention, il n'y aura pas de transport de voyageurs, et nul ne sait si la subvention sera accordée.

Ainsi, le Conseil général du Cantal semble avoir donné son autorisation à la construction d'un chemin établi dans les conditions de tous les chemins qui, jusqu'à ce jour, ont eu le privilége de transporter des voyageurs et des marchandises, d'un chemin qui offrira cet avantage sur tout son parcours, et voilà que M. le Préfet de la Corrèze ne parle plus que d'un service d'Argentat à Saint-Denis, voilà que les études se poursuivent pour un chemin de 1 mètre de section, c'est-à-dire pour un chemin qui serait purement et simplement un chemin de fer industriel.

Ainsi, voilà une gare, la gare par excellence pour Mauriac (en attendant mieux) dont il est impossible de déterminer actuellement le point, et dont on ne pourra fixer l'assiette que le jour où le chemin de Vendes à Aurillac, passant par Mauriac, aura été définitivement étudié, c'est-à-dire le jour où le chemin de Champagnac à Saint-Denis aura cessé d'avoir pour ce pays le plus petit semblant d'utilité.

Tout cela est-il vrai, oui ou non?

Si tout cela est vrai, on a le droit de le dire. Si ce n'est pas vrai, qu'on fournisse les éléments nécessaires à la rétractation.

Si on a fait erreur, on est tout prêt à reconnaître son erreur. On serait même heureux de rendre justice à la vérité, si on l'avait méconnue sans s'en apercevoir.

Une question de chemin de fer ne peut être une question isolée. Tout se tient dans le réseau de nos voies ferrées. Aussi allons-nous être obligés d'entrer dans quelques développements pour exposer en quoi le chemin de Champagnac à Saint-Denis est un contre-sens.

L'exécution de ce chemin ne serait que la réalisation de l'ancien projet du chemin de Lyon à Bordeaux par la vallée de la Dordogne.

Ce système a été condamné dès 1864, et, aujourd'hui, que le chemin de Tulle à Clermont est en construction, quelqu'un pourrait-il dire quel intérêt autre que l'intérêt spécial des mines de Champagnac, il y aurait à établir deux chemins parallèles (et aussi rapprochés l'un de l'autre) de Saint-Denis à Eygurande?

Lorsqu'on a abandonné le projet de tracé par la vallée et qu'on a décidé l'embranchement sur Vendes, avait-on l'intention de créer une nouvelle communication entre Clermont et Saint-Denis?

Personne évidemment n'a eu une pareille pensée.

« Depuis Vendes jusqu'à Argentat, écrivait, à l'époque « du conflit entre les deux tracés, M. l'ingénieur Barreau « (homme pour lequel j'ai toujours eu la plus grande « estime, même à l'époque où je croyais possible le che- « min de fer par la vallée), les vallées de la Dordogne sont « très-étroites, très-encaissées et laissent à peine la place « nécessaire pour établir un chemin de fer. »

Le rapporteur de la Commission d'enquête établie dans le Cantal, en 1864, ajoutait (page 27 du rapport) « que le « kilomètre moyen par la vallée coûterait, d'après les « estimations faites, 369,841 francs. »

369,841 fr. multipliés par 114 kilomètres représentent une somme de . . . . 42,164,874 fr.

Aujourd'hui on parle de faire un chemin de fer dont la dépense ne s'élèverait
qu'à 9,300,000
Plus (subvention à 25,000   12,150,000 fr.
francs par kilomètre 2,850,000

Différence entre les 2 évaluations . . . . . . 30,014,874 fr.

Est-il possible de croire qu'un chemin qui traversera deux fois la Sumène, cinq fois la Dordogne, qui accuse 616 mètres de souterrains, puisse être établi avec une dépense aussi minime dans de bonnes conditions?

Cependant, si ce chemin était exécuté, tout le trafic entre Toulouse et Paris passerait par cette ligne. La Compagnie de Champagnac le sait bien, mais elle l'a su vingt ans trop tard.

M. de Mieulle est déjà concessionnaire depuis le 27 janvier 1873, dans la Creuse, dans l'Allier et dans la Corrèze, d'un chemin de fer partant de Montluçon et venant se joindre à la ligne de Clermont à Tulle près d'Eygurande.

En 1873, il était demandé aux Conseils généraux de la Creuse et de la Corrèze qu'un vœu fût émis pour la construction d'un chemin de fer d'Aubusson à Ussel, qui se continuerait par Bort et Vendes vers Aurillac. L'étude de ce chemin de fer est fort avancée en ce moment.

En 1873, M. de l'Epinay, un des membres les plus importants du Conseil général de la Corrèze, exposait que le moyen le plus sûr pour échapper au monopole exclusif de la Compagnie d'Orléans était de faire étudier par le nord de la Corrèze un chemin de fer entre Limoges et Champagnac, en profitant de l'embranchement d'Eygurande.

M. l'Ebraly a appuyé à diverses reprises cette motion, et en ce moment on fait l'emploi des fonds votés pour l'exécution de cette étude.

Ces trois projets seront réalisés, nous en sommes convaincus, dans un avenir rapproché. — Tous les trois sont conformes aux règles de la topographie et aux nécessités du commerce et de la libre concurrence.

Le Conseil général de la Creuse, ceux de l'Allier et de la Corrèze sont sur le point de s'entendre, et il n'y a plus qu'une divergence insignifiante dont le nœud sera tranché à la prochaine réunion des Conseils généraux.

D'un autre côté, le Conseil général des ponts et chaussées a approuvé le projet de chemin entre Aurillac et Saint-Denis, dont les études ont été soumises au Ministre le 11 septembre 1873, chemin compris dans le réseau supplémentaire créé par la loi de 1868.

Le Ministre a réservé son approbation parce que le Conseil général de la Corrèze demandait que le tracé par la vallée de la Cère fût abandonné et qu'un autre tracé, se rapprochant le plus possible de la route N° 20 sur les plateaux de la rive droite de la rivière, fût adopté.

Le 11 septembre 1874, MM. Courtines et Lamouroux ont demandé la concession de ce chemin de 60 kilomètres 185 mètres, moyennant une subvention de 150,000 francs par kilomètre.

Si, comme nous avons quelque raison de le croire, le tracé d'Aurillac à Saint-Denis, que recommande M. de l'Epinay, est adopté, une ligne partant de Vendes, touchant Mauriac et Pleaux et allant se souder à la ligne d'Aurillac à Saint-Denis, soit vers Montvert, soit entre Montvert et Mercœur, soit au Pont d'Orgon, donnerait satisfaction à tous les intérêts sans exception *et n'éloignerait en aucune façon la distance de Vendes à Saint-Denis.*

Si l'on veut tenir compte de l'inconvénient du transbordement d'une voie large sur une voie étroite, et réciproquement (et les amis de la Compagnie des houillères de Champagnac évaluent à 30 kilomètres l'augmentation de longueur que représente l'accroissement de dépense résultant de ce transbordement), la distance entre Vendes et Saint-Denis se trouverait (étant tenu compte des 60 kil. représentant les deux transbordements) diminuée de plus de 65 kilomètres.

Une ligne d'Aubusson ou de Montluçon à Vendes et à Aurillac, *ligne directe de Paris à Toulouse,* ligne mère de tous les chemins du Midi et de tous les chemins du Nord, appellerait à elle, ainsi que le disait, je crois, M. Floucaud au Conseil général de la Corrèze, le trafic de plus de 3 millions d'habitants, et spécialement le transport vers Paris de plus d'un quart des vins transportés aujourd'hui par les Compagnies de Lyon et d'Orléans, qui fourniraient à eux seuls plus de 25,000 francs par kilomètre.

Une grande ligne; — plus de transbordements; — plus de priviléges; — un bon chemin où on puisse aller sans danger et à toute vitesse, voilà ce que nous demandons. C'est un crime cela, nous le comprenons bien.

Combien coûterait ce raccordement entre Vendes, Aurillac et Saint-Denis?

Rien, si on voulait, puisque MM. de Constantin et de Mieulle, concessionnaires, depuis le 12 avril 1874, de la ligne non approuvée de Vendes à Saint-Projet-de-Montsalvy, paraissent tout disposés à prendre encore la concession sans subvention ni garantie d'intérêts.

On économiserait donc, si l'on voulait accorder cette concession aux très-honorables personnes que je viens de citer, les 2,850,000 fr. qu'il faudra donner à la Compagnie de Champagnac, si l'on veut qu'elle transporte (et comment?) des voyageurs et des marchandises.

Du reste, les demandes en concession ne manquent pas. Les 20 septembre et 12 octobre 1874, MM. Courtines et Lamouroux ont adressé au Conseil général du Cantal une demande de concession d'un chemin de Vendes à Aurillac.

Trois systèmes étaient prévus :

1er système (système Larmanjeat, — voie reduite), — 18,000 francs de subvention par kilomètre ;

2e système (système ordinaire dans les conditions de la loi de 1842), — 140,000 fr. de subvention par kilomètre ;

3e système (petite section), — 30,000 fr. de subvention par kilomètre.

Si l'on veut bien considérer que le chemin de Vendes à Saint-Denis par les plateaux empruntera pendant plus de 30 kilomètres le chemin déjà autorisé d'Aurillac à Saint-Denis, on trouve que la subvention de 30,000 francs par kilomètre demandée par MM. Courtines et Lamouroux serait moins onéreuse encore que la subvention demandée par la Compagnie de Champagnac pour les 114 kilomètres de son chemin.

Nous n'avons pas de leçons ni de conseils à donner à l'Administration, mais nous pensons que, quelle que soit la dépense, il doit être construit un chemin à section normale et par les plateaux.

Il serait facile, si on avait le temps, d'établir par le calcul que jamais la probabilité du trafic d'une ligne quelconque ne s'est présentée dans des conditions meilleures.

Le département de la Corrèze lui-même, quelle que soit la pauvreté du territoire traversé par le tracé de la vallée, a demandé qu'un chemin à voie normale fût substitué au chemin projeté à voie étroite. Un projet de vœu dans ce sens a été présenté au Conseil général de ce département par MM. Lestourgie, général Billot, Calary et autres.

On opposera, nous le savons, la difficulté de suivre le tracé indiqué. Que l'on demande à MM. de Constantin, de Mieulles, Courtines, Lamouroux et Michel; que l'on demande à la Compagnie de Clermont à Tulle si les difficultés supposées sont réelles.

S'il y avait des difficultés si grandes, il n'y aurait pas trois projets de tracés.

On opposera les pentes et rampes. Qu'on calcule donc si l'effort de traction sera plus considérable par les rampes normales du chemin des plateaux que par les courbes réduites du chemin de la vallée.

Au point de vue de la justice distributive, quelle relation y a-t-il entre les cantons de Mauriac, Salers, Pleaux, Saint-Cernin, les plus riches et les plus peuplés du plateau central, et les gorges abruptes et inhabitées de la Dordogne, qui peuvent déjà écouler par la rivière les maigres produits et le peu de minerai qu'elles possèdent ?

Au point de vue industriel, pourquoi priverait-on d'un chemin de fer les mines de la vallée d'Auze, celles de Saint-Illide et de Saint-Christophe ?

La voie, empruntant presque constamment le terrain houiller (voir la carte rectifiée de M. l'ingénieur Baudin), ferait naître par dizaines, sur son chemin, des compagnies qui seraient bientôt aussi importantes que la Compagnie de Champagnac; elle ferait naître des industries dont le développement serait vite favorisé par le grand accumulement de capitaux qui gît inoccupé dans ce pays, industries bien plus faciles à établir sur des rivières où il y a une foule de chutes naturelles et où les barrages peuvent être plus commodément construits que dans le lit de la rivière navigable que suivrait le tracé par la vallée.

Un grand argument a été mis en avant :

« Pourquoi s'opposer au chemin par la vallée, puisqu'il
« n'empêchera pas que le chemin par les plateaux soit

« ultérieurement établi. On aura ainsi deux chemins au
« lieu d'un. »

Nous trouvons cet argument spécieux. Ce pays est neuf.
Un immense placer industriel va s'y établir. Le premier
déversoir de cette industrie sera comme le premier déversoir qui s'établit dans un lac débordé. On tentera vainement d'établir d'autres débouchés. Le premier sera constamment suivi.

Lorsque la houille de la Compagnie de Champagnac
pourra être transportée à Saint-Denis par un chemin
appartenant à cette Compagnie, croit-on que les Compagnies qui voudront entreprendre le chemin dont nous
indiquons la direction, ne demanderont pas des subventions d'autant plus fortes qu'elles seront obligées de réduire de leur calcul du trafic probable les 200,000 tonnes
qui ne peuvent aujourd'hui leur échapper !

Les demandes de subvention paraîtront exagérées, et
alors on se contentera d'ajouter une voie à la voie déjà
établie, et le pays compris entre Vendes et Aurillac sera
à tout jamais privé du chemin qu'il attend depuis un
demi-siècle.

Et si la Compagnie de Clermont à Tulle venait à exposer
que l'exécution du chemin de Champagnac à Saint-Denis
ruine les espérances qu'elle avait conçues lorsqu'elle a
accepté la concession de l'embranchement d'Eygurande à
Vendes, si elle faisait valoir que la raison d'être unique
de ce chemin était pour elle l'espoir du trafic qui lui est
enlevé par la construction du chemin par la vallée, quelqu'un croit-il que le Gouvernement, reconnaissant fondées
ces doléances, ne pourrait pas dispenser cette Compagnie
de construire un embranchement dont la raison d'être
disparaîtrait ?

Et alors !

Pour nous, nous ne cesserons de combattre une idée
qui peut ruiner le département du Cantal au profit d'une
entreprise particulière. Nous savons contre quelles puissances nous nous heurtons. Nous savons même que de
certaines puissances qui ne peuvent pas ne pas voir de

quel côté se trouve l'intérêt de cette région, sont entrées en guerre contre notre manière de voir.

Il est impossible d'insister à ce sujet,

> « Quoiqu'on doive aujourd'hui moins redouter la foudre,
> « Puisque Jupiter dort aux pieds de Danaé. »

Quand on habite un pays, nous croyons qu'on doit défendre son intérêt et son avenir par tous les moyens permis. Nous croyons que les populations sont juges de leur intérêt, qu'elles ont le droit de le défendre. Nous croyons que le droit de pétition est entier en cette matière comme en toute autre, et que nul ne saurait, même par insinuation, porter atteinte à l'exercice de ce droit.

Plus la résistance sera puissante, plus nous trouverons du courage pour la lutte.

Nous ne craignons personne, parce que nous défendons le droit, la justice et les intérêts d'un pays que nous aimons, droit, justice et intérêts mis en échec par des influences dont nous ne reconnaissons pas l'autorité.

Z.

(Journal de Mauriac).

2me ARTICLE

———

11 février 1875.

Nous lisons dans l'*Impartial du Cantal*, N° 1359, du 28 janvier 1875, ce qui suit :

« La Compagnie du chemin de fer de Clermont à Tulle
« poursuit l'acquisition des terrains, et, comme cela arrive
« trop souvent, ses offres ne sont pas toujours acceptées;
« ainsi, pour l'embranchement d'Eygurande à Vendes,
« dans les deux communes de Vebret et d'Ydes, une même
« expropriation comprend 219 parcelles et presque autant
« de propriétaires, *ce qui prouve* que si l'on tient à la voie
« ferrée, on tient encore plus à se dépouiller à de bonnes
« conditions du sol qui doit lui servir d'emplacement. »

Nous ne croyons pas devoir reproduire en entier cet article qui finit par ces mots : « Un fabricant et un propa-
« gateur de fausses nouvelles. »

Il est certain que le rédacteur de l'*Impartial*, qui est très-brave et très-honnête-homme, a été trompé par un...
— Quel nom donner à ce *reporter* sans s'embourber dans

le style *gendarmique* dont le LA est si bien donné par la dernière phrase de l'article?

Tout le monde sait que, pour profiter du bénéfice de l'article 58 de la loi du 3 mai 1841, il faut qu'il soit intervenu un jugement d'expropriation ; et de renseignements pris à bonne source (à Bort, près Champagnac), il résulte que les propriétaires des 219 parcelles comprises dans le jugement d'expropriation du 30 décembre 1874, ont tous accepté les offres de la Compagnie, à l'exception de *vingt* seulement.

Sur les *vingt*, il y a *trois* absents et *cinq* mineurs pour lesquels les tuteurs n'ont osé traiter de gré à gré.

Le jury d'expropriation sera donc rassemblé pour ces *vingt* propriétaires seulement.

Nous savons que l'*Impartial* tiendra à faire honneur au nom qu'il porte et rectifiera l'article qui lui a été dicté par les ennemis aveugles du chemin de fer de Clermont à Tulle.

En attendant, nous profitons de cette circonstance pour mettre les gens honnêtes en garde contre les manœuvres d'une coterie qui semble avoir juré la ruine de ce pays, et qui ne reculera devant aucun moyen pour arriver à ses fins.

Z.

(Journal de Mauriac).

3me ARTICLE

---

14 février 1875.

Un des effets de la demande en concession du chemin
de fer de Champagnac à Saint-Denis vient de se produire.

La Compagnie de Clermont à Tulle a déposé à la préfecture de la Corrèze une protestation dans laquelle M. de
Rostang, agissant au nom de cette Compagnie, rue de la
Chaussée-d'Antin, n° 55, à Paris, adopte le point de vue
des pétitionnaires des arrondissements d'Ussel, de Mauriac
et d'Aurillac, et réclame une indemnité proportionnée à la
perte du transport des houilles du bassin de Saignes,
transport sur lequel la Compagnie qu'il représente avait
droit de compter lorsqu'elle a accepté la concession du
chemin de Clermont à Tulle, avec embranchement sur
Vendes.

Cette indemnité, il faudra évidemment qu'on l'accorde,
et, si l'on veut connaître combien coûtera ce prétendu
chemin de fer économique de Champagnac, il faudra ajouter le montant de cette indemnité aux 2,850,000 francs
que l'on devra donner, à titre de subvention, à la Compa-

gnie des Houillères, dans le cas où elle transporterait autre chose que sa houille.

La Compagnie de Clermont à Tulle ne manquera pas de faire valoir que son objectif unique, que la seule compensation qu'elle pouvait trouver de la dépense nécessitée par la construction de la ligne ingrate de Clermont à Tulle, que la raison d'être du chemin était, à ses yeux, le transport des houilles du bassin de Saignes.

Elle établira que les lignes transversales les mieux montées (la ligne des Sables-d'Olonne à Tours, par exemple) ne rapportent rien quand elles ne sont pas soutenues par des tronçons allant du Nord au Sud ; que le trafic entre Lyon et Bordeaux est une hypothèse, Lyon trouvant plus près de lui, à meilleur marché et moyennant des frais de transport insignifiants, tout ce qu'il pourrait trouver à Bordeaux, excepté toutefois le vin de Bordeaux, dont Lyon n'a jamais été considéré comme un entrepôt.

Elle établira non moins facilement que le trafic entre Clermont et Tulle ne saurait être évalué trop bas, la Limagne produisant exactement ce que produit le pays compris entre Brives, l'Océan et la Méditerranée.

Elle prouvera qu'il est impossible d'établir la moindre usine sérieuse sur sa ligne principale ; qu'il est impossible de compter sur les produits du pays, à moins qu'on ne trouve un moyen pour tisser la bruyère et pour donner de l'importance au commerce des grenouilles.

Elle ajoutera que cet appât de la houille devait attirer à elle une ligne de Limoges à Aurillac par Meymac, Ussel, Eygurande, Vendes, Mauriac, une autre ligne d'Aubusson à Vendes, par Ussel, une troisième ligne de Montluçon à Vendes, par Eygurande ;

Que les Conseils généraux de la Haute-Vienne, de l'Allier, du Cher, de l'Indre, de la Creuse et de la Corrèze poussaient avec insistance à la concession de ces trois chemins, et avaient déjà donné leur adhésion à la concession des deux derniers ;

Que le même appât devait nécessairement provoquer des demandes de concession du chemin d'Aurillac à Saint-

Denis, et de la Capelle-Viescamp à Vendes, chemins reliant Aurillac et Saint-Denis aux houillères, et reliant Toulouse à Paris par une ligne de 60 kilomètres moins longue que la plus courte des lignes actuellement exploitées;

Que l'appât de la houille disparaissant, tous les projets disparaissent avec lui.

L'idée qui a présidé à la demande en indemnité formulée par la Compagnie de Clermont à Tulle ressemble beaucoup, tout le monde en conviendra, à l'idée qui pourrait présider à une demande en résiliation de la concession totale du chemin de Clermont à Tulle, ou du moins à une demande en résiliation de l'embranchement d'Eygurande à Vendes.

Ce pays est donc menacé, après vingt ans d'expectative et de démarches de toute nature, d'être privé, non-seulement du chemin d'Aubusson, de Montluçon et de Limoges à Aurillac, du chemin projeté d'Aurillac à Saint-Denis et de Vendes à la Capelle-Viescamp, mais encore du chemin de Clermont à Tulle, avec embranchement sur Vendes.

Et cela parce qu'il aura plu à la Compagnie de Champagnac de demander la concession d'un chemin industriel!

Et l'on s'étonne que quelqu'un la trouve mauvaise!

On a mis, paraît-il, au défi, dans un article que je suis incompétent pour qualifier, « de démontrer que le chemin « de Clermont à Tulle, avec embranchement d'Eygurande « à Vendes, puisse donner le résultat que promet le che- « min par la vallée de la Dordogne. »

On a ajouté que :

« Si l'on parvenait à faire cette démonstration, on aurait « du même coup démontré que la Compagnie de Champa- « gnac est tout simplement *stupide*, de vouloir dépenser « en pure perte des sommes considérables sur les bords « peu fleuris de la Dordogne. »

Je ne prétends pas, moi, que la Compagnie de Champagnac soit stupide, mais je soutiens qu'il n'y a aucune économie dans le trajet qu'indique cette Compagnie.

La distance de Champàgnac à Saint-Denis par le chemin projeté de la Compagnie des Houillères, est de   114 k. 000

Si on évalue à 30 kilomètres l'augmentation de longueur que représente l'accroissement de dépenses résultant du transbordement des marchandises (nous pensons, avec MM. Level et Nordling, que cette évaluation n'est pas exacte, mais, puisqu'on nous reproche de n'avoir pas reproduit dans son entier le numéro du *Journal des Travaux publics* du 24 décembre 1874, nous consentons à l'admettre comme exacte), il faut ajouter 30 kilomètres pour le transbordement, soit à Argentat, soit à Saint-Denis, de la voie étroite à la voie normale, soit....... 30   000

La distance de Saint-Denis à Brives, point actuel de jonction des lignes se rendant à Bordeaux, est de......................... 28   000

Total de la distance de Champagnac à Brives, par le chemin industriel................... 172 k. 000

La distance de la station de Fanostre à celle d'Eygurande est de.......... 44 k. 400

La distance d'Eygurande à Tulle est de............... 87   000

La distance de Tulle à Brives est de.................... 26   000

Total............... 157 k. 400   157   400

Le chemin par la vallée de la Dordogne est donc plus long de..................... 14 k. 600 que le chemin par Eygurande et Tulle.

La démonstration est-elle exacte?

Nous ne parlons pas des conséquences de la démonstration. Cela serait de la polémique, et nous ne faisons pas de la polémique.

Nous pourrions même établir encore (l'évaluation de 30 kilomètres étant admise, et nous prions de remarquer que cette évaluation n'est pas nôtre, elle appartient à l'auteur de l'article du *Journal des Travaux publics* dans lequel se trouve la tartine des voies étroites, des transbordements, etc.), qu'il n'y a pas de chemin *plus long*, pour aller de Champagnac à Bordeaux, que le chemin par la vallée de la Dordogne.

Oui de chemin plus long. C'est étrange, n'est-ce pas? et pourtant cela est.

Pas de chance la Compagnie de Champagnac !

Nous n'avons pas l'habitude de jongler avec des chiffres, et tout le monde pourra facilement vérifier l'exactitude des calculs.

La longueur du tracé de la Capelle-Viescamp à Saint-Denis est de 60 kilomètres 185 mètres.

Le point de jonction de la ligne de Vendes à celle de Saint-Denis à Aurillac étant choisi entre Montvert et Saint-Julien-le-Pélerin, vers la limite des deux départements (le tracé par les plateaux du chemin d'Aurillac à Saint-Denis étant admis, comme le demande le Conseil général de la Corrèze), il y aurait entre ce point de jonction et Saint-Denis . . . . 30 k.

De Fanostre à ce point, en touchant Mauriac et Pleaux, la distance ne peut être évaluée (que l'on franchisse l'Auze au Pont-d'Auze ou au-dessus de la cascade de Salins, que l'on franchisse la Maronne entre Saint-Christophe et l'Estonroc ou à Saint-Geniès-ô-Merle), à plus de 75

Distance de Saint-Denis à Brives 28

          Total . . . . 133 k.

La distance par le tracé de Champagnac est de. 172

Le tracé proposé est donc plus long que le tracé par les plateaux, de. . . . . 39 k.

Oui, de **39 KILOMÈTRES.**

On peut bien, comme on le voit, déduire les 30 kilomètres qui, dans l'esprit de la Compagnie de Champagnac, représentent le transbordement. On peut admettre si l'on veut que le transbordement a la propriété de raccourcir les distances, au lieu de les allonger. Il sera difficile d'établir que le transbordement puisse représenter une diminution de parcours de 9 kilomètres.

Veut-on maintenant comparer la distance par la vallée de la Dordogne à la distance par Ussel, le point de jonction de l'embranchement de Vendes étant porté d'Eygurande à Ussel, comme le demande constamment, et à tort selon nous, le Conseil général de la Corrèze : la distance de Fanostre à Brives ne serait plus (voir folios 303 et 434 du compte-rendu de la session d'octobre 1874 du Conseil général de la Corrèze), que de.................. 117 k.

La distance par la vallée de la Dordogne est de   172
____

Il y aurait donc, en passant par Ussel, une économie de................................ 55 k.
____

Clermont et Montluçon, les mines de la Haute-Dordogne ont des raisons capitales à produire contre le changement du point de raccordement d'Eygurande, mais personne n'a intérêt à nier l'avantage qu'aurait sur le tracé de la Compagnie des Houillères de Champagnac, un tracé par les plateaux, diminuant de 39 kilomètres la distance de Champagnac à Bordeaux, donnant satisfaction aux intérêts de tout le Cantal, reliant Aurillac à Vendes et à Saint-Denis, et permettant une économie de plus de 60 kilomètres au transit direct de Toulouse à Paris.

Une légère, très-légère modification dans le tracé du chemin d'Aurillac à Saint-Denis donnerait à Argentat lui-même, Argentat dont on met les intérêts en parallèle avec les intérêts du département du Cantal, toutes les satisfactions auxquelles on l'a habitué à croire qu'il avait droit.

Je sais parfaitement que l'on fera l'objection suivante :

La ligne de Champagnac sera prolongée de Saint-Denis-lès-Martel au Buisson de Caban, par la vallée de la Dordogne.

Sera prolongée : Toujours la même assurance ! Le Gouvernement et le Corps législatif seuls, peuvent prononcer ce : Sera.

La Compagnie d'Orléans a, en effet, demandé cette concession, mais il y a des opposants, et des opposants de premier ordre.

Plusieurs fois le Conseil général de la Corrèze a émis le vœu « que le reliement entre Bergerac et Brives fût fait « à la gare de Brives, en raccourcissant de moitié la dis- « tance de 80 kilomètres qui séparerait Sarlat de Brives, « par la ligne coûteuse et éloignée des gisements de com- « bustibles et de minerais, qui passerait par Souillac. »

La Compagnie d'Orléans pourra-t-elle lutter contre l'habile ingénieur qui dirige le Conseil général de la Corrèze dans toutes les questions de chemins de fer?

Nous avons des raisons pour en douter.

Sans avoir été à l'école de Champagnac, M. de l'Épinay sait se servir du compas. Il a trouvé que la ligne qui part du Buisson pour aller à Saint-Denis, en passant par Sarlat et Souillac, éloigne Sarlat de Brives de 80 kilomètres, soit 52 kilomètres de Sarlat à Saint-Denis, et 28 kilomètres de Saint-Denis à Brives, tandis qu'une ligne allant directement de Sarlat à Brives, sans suivre la vallée de la Dordogne, n'aurait que 40 kilomètres.

Les marchandises arrivées à Saint-Denis par l'Est ou le Midi auraient, il est vrai, 16 kilomètres de plus à parcourir pour être amenées à Bordeaux (28 kilomètres de Saint-Denis à Brives, et 40 kilomètres de Brives à Sarlat), mais cet inconvénient est de peu de conséquence en comparaison des avantages que retirerait le département de la Corrèze de la concentration à Brives de tout le transit qui devait enrichir Saint-Denis.

Il est facile, du reste, d'éviter tous les reproches que pourrait attirer à la théorie de M. de l'Épinay cet allongement de 16 kilomètres.

Il n'y aurait qu'à faire tourner sur son pivot une des règles de cette espèce de pantographe que représentent sur la carte les lignes projetées, et les autres règles suivraient instinctivement le mouvement imprimé à la première.

Je suis étonné que le Conseil général de la Corrèze n'ait pas encore formulé sa théorie générale ; cela viendra peut-être, et ce n'est pas à moi à indiquer ce mouvement de conversion.

Il est habile, le département de la Corrèze. Il sait prendre, dans les différents systèmes, ce qui peut être utile à ses intérêts. Lors du débat entre les divers tracés du chemin de Clermont à Tulle, le tracé par la Dordogne a été sacrifié, parce que la Dordogne a le tort de ne passer ni à Ussel, ni à Meymac, ni à Egletons, ni à Tulle, ni à Brives.

Aujourd'hui que le chemin de Clermont à Tulle est commencé, le débouché naturel des houilles de Vendes devient le débouché par la vallée, parce que Argentat et Beaulieu se trouvent sur le chemin.

Mais comme Souillac est de la Dordogne et que Saint-Denis est du Lot, le département de la Corrèze renonce encore à la théorie du chemin par les vallées, et demande que le raccordement de la ligne de Bordeaux, par Bergerac et le Buisson, à la ligne de Figeac à Périgueux, soit fait à Brives, au lieu d'être fait à Saint-Denis.

Il a raison, le département de la Corrèze. Il sait faire ses affaires. Il attire à lui tout le transit de trois lignes, et nous serions tout disposé à l'admirer, si l'application de ses théories n'était aussi néfaste pour ce pays.

Comment ! Voilà le Cantal, sur le territoire duquel se trouvent des gisements houillers considérables, qu'il est urgent, à tous les points de vue, d'extraire le plus vite possible ; le Cantal, qui comptait sur toutes ces richesses pour lui ouvrir des voies de communication dans tous les sens, qui pourtant se trouve abandonné, déserté, repoussé comme un galeux, et qui n'aura d'autre consolation que celle de regarder, du haut de ses gras pâturages, les richesses de son propre sol s'écouler à toute vapeur, par des pays déserts, que tous les chemins de fer du monde seraient incapables de vivifier.

On a parlé pourtant quelque part de justice distributive !

Il y a non-seulement un intérêt public, mais encore un intérêt *national* à mettre, par le plus court chemin possible, le bassin houiller de Champagnac en communication avec les Charentes et le Bordelais, pour faire, dans ces pays, concurrence aux charbons anglais !!

C'est bien cela ! L'intérêt public — l'intérêt *national*. Voilà deux tambours qui ne sont jamais crevés lorsqu'on veut fermer la bouche aux intérêts d'un pays.

Nous avons déjà établi (sous toutes réserves en ce qui concerne l'évaluation de l'allongement occasionné par le transbordement) qu'il n'y a pas moyen de trouver un chemin plus *long* que l'est le chemin national pour aller de Champagnac à Bordeaux.

> Champagnac va t-en guerre,
> Mironton ton ton mirontaine,
> Champagnac va-t-en guerre
> Par le plus *long* chemin
> Par le plus *long* chemin.

On dirait que c'est à Bordeaux seulement que les marchands de charbons anglais font concurrence aux marchands de charbons français.

Cette concurrence, les Anglais la font à Saint-Nazaire, au Havre, à Marseille, aussi bien qu'à Bordeaux. On a vu des négociants anglais venir jusqu'à Rives-de-Gier faire concurrence aux charbons du bassin de la Loire.

Les Anglais ! ils iront jusqu'à Champagnac faire concurrence au charbon de Champagnac.

Sans doute, la facilité de faire les transports par mer constitue un avantage considérable qu'aucun chemin de fer n'arrivera à contrebalancer; mais la supériorité des Anglais ne tient pas seulement à cette économie dans les frais de transport.

Leur supériorité tient, d'abord, à la supériorité de leur charbon, que ne mettra pas plus en échec (nous le craignons) le charbon de Champagnac, que ne l'ont mise en échec, au Havre et à Dieppe, les charbons de Littry, d'Auzin, de Fresnes, de Donchy, de Denain, et que ne l'ont mise en échec, à Marseille et à Toulon, les charbons de Blanzy, du bassin de la Loire, de Decazeville, de Carmaux, de Bessèges, de la Grand-Combe et d'ailleurs.

La supériorité du charbon anglais tient encore au mode

d'extraction moins coûteux de beaucoup que l'est le mode adopté en France, où l'État a la faiblesse de faire passer la vie des ouvriers avant les intérêts plus ou moins nationaux des industriels, et fait surveiller les exploitations par ces affreux ingénieurs des mines, qui, mangeant, comme tant d'autres, au râtelier du Gouvernement, ne comprennent pas toujours l'avantage des bures inclinées et des étançons vermoulus.

Lorsque la houille de Champagnac arrivera à Bordeaux, où la houille anglaise arrivera avec des frais de transport tellement minimes qu'on les néglige dans les prix de revient de la demi-tonne, les négociants anglais commenceront, comme toujours, par abaisser leurs prix.

Et s'ils continuaient à abaisser leurs prix, croit-on que, l'intérêt national la poussant, la Compagnie de Champagnac persisterait dans cette lutte?

On a parlé, je crois, de statue à élever à quelqu'un sur un wagon détraqué de Champagnac. Quel piédestal serait digne de la statue à élever à la Compagnie des houilles, dans le cas où elle ferait un plongeon aussi nouveau au sein du domaine de l'abnégation?

Non. La Compagnie de Champagnac, si les Anglais se mettent en tête de garder le marché pour eux, ne luttera pas plus à Bordeaux que les autres Compagnies n'ont pu lutter ailleurs contre les charbons d'outre-Manche.

Alors, sous prétexte d'intérêt national, qui sait s'il ne se trouvera pas quelqu'un qui proposera de déclarer la guerre à la Grande-Bretagne, pour l'obliger à laisser la *Compagnie de Champagnac* seule maîtresse du marché de Bordeaux?

J'ai entendu dire qu'on était allé au Mexique pour un intérêt national du genre de celui qu'invoque la Compagnie de Champagnac.

En attendant que l'on fasse la guerre, on sacrifie tout un département à l'intérêt national des mines de Champagnac.

On démontre que le chemin est plus court par les plateaux que par la vallée, que ce chemin plus court donne satisfaction à Mauriac, Pleaux, Salers, Saint-Cernin, Aurillac; que ce chemin, dont la Méridienne demandait la concession sans subvention ni garantie d'intérêts, relierait Vendes à Saint-Denis et à Aurillac; qu'il raccourcirait en même temps la distance de Paris à Toulouse (le prolongement d'Aubusson à Ussel ou de Montluçon à Eygurande étant admis) de plus de 60 kilomètres, et accaparerait tout le trafic qui passe actuellement par les autres lignes.

Aucune démonstration ne produit son effet. On veut aller à Bordeaux par le chemin *le plus long*, et puis voilà. Les ruraux n'ont rien à voir là-dedans.

Quel but a-t-on donc?

Si Bordeaux est l'objectif unique, si l'on veut réellement faire une concurrence aux charbons anglais qui remontent la Gironde et la Garonne, il y a un moyen plus simple que le moyen du chemin national.

Ce moyen a été indiqué depuis des siècles. Les États de Montignac, en 1599, demandaient le balisage de la Dordogne. Ce balisage fut entrepris en 1706 par M. de Belleville, et en 1718 par M. de Brancas. Il a été entrepris en 1830 et en 1848.

Depuis l'invention des chemins de fer, M. Mignot, dont personne, je suppose, ne contestera le savoir et la perspicacité, M. Mignot, un des premiers concessionnaires de Champagnac, et celui qui a fait le plus pour le bassin houiller de Saignes, n'a cessé de réclamer ce balisage comme l'unique moyen de transporter à peu de frais la houille de Champagnac à Bordeaux.

On établira quand on voudra que de Douvres, de Newhawen, de Brighton, de Portsmouth, de Weymouth, d'Exeter et de Plymouth à Bordeaux, le transport est trois fois plus coûteux que le serait le transport de Vendes à Bordeaux par les rivières rendues navigables.

Non. Ce que l'on semble vouloir, c'est faire l'expérience des chemins à voie étroite.

Pourquoi? Et au profit de qui?

Je crois pouvoir répondre à ces questions, mais il ne me convient pas actuellement d'y répondre.

On n'ose pas montrer au grand soleil ce chemin à voie étroite, et, pour faire l'expérience, on choisit cette contrée oubliée et qui sent pourtant en elle tous les germes du plus brillant avenir industriel. On s'en va subrepticement, clandestinement, presque nuitamment, à travers un pays abrupt et désert.

Les pays traversés ne diront rien, puisqu'il n'y a personne.

Quant aux pays voisins, habités par des populations rurales, on leur fera croire qu'il est de leur intérêt que le chemin de fer les longe au lieu de les traverser.

Laissez donc faire le chemin de Champagnac, nous dit-on, celui-là n'empêchera pas l'établissement des autres chemins de fer.

Nous avouons que nous ne comprenons pas ce conseil. Nous n'en voulons pas, évidemment, aux mines de Champagnac, au contraire. Si ces mines n'existaient pas, il serait conforme aux lois des intérêts de ce pays de les inventer.

Ces mines servent, à nos yeux, d'appât aux voies de communication qui pourraient s'établir. Si, par le fait de quelque phénomène géologique, cet appât venait à disparaître subitement, il est bien évident que personne ne songerait plus à demander la concession d'un chemin de fer traversant le pays du Cantal.

Eh bien ! cet appât ne disparaît-il pas, si la Compagnie propriétaire des mines est en même temps propriétaire d'un chemin qui lui permette d'écouler ses produits.

Lorsque les industriels de Limoges, d'Aubusson et de Montluçon se présenteront à Champagnac, la Compagnie leur dira : Allez à ma mine de Commentry, ici on extrait du charbon pour le Bordelais et les Charentes. Vous voulez faire des chemins de fer pour venir vers moi, eh bien, moi, je ne vous vendrai rien, ou je vous vendrai tellement cher, que vous aurez plus d'intérêt à acheter mon charbon à Brives ou à Périgueux qu'à l'acheter sur le plâtre même de ma mine.

Si le département de l'Aveyron eût permis à la Compagnie de Decazeville de construire, par la vallée du Lot, un chemin allant retrouver à Aiguillon la ligne du Midi, jamais la ligne de Montauban à Figeac n'eût été faite.

Si le département du Tarn eût permis à la Compagnie de Carmaux de construire un chemin de Carmaux à Lexos, Albi et Gaillac seraient encore à mendier un chemin de fer.

Cependant, Decazeville et Carmaux avaient et ont encore des intérêts semblables à ceux qu'expose la Compagnie de Champagnac, lorsqu'elle dit qu'elle veut se rendre à Bordeaux par le plus court chemin.

Nous ne demandons pas, nous, que l'on fasse subir à la Compagnie de Champagnac des détours aussi préjudiciables que les détours subis aujourd'hui par les Compagnies de Decazeville et de Carmaux.

Nous sommes tellement loin d'avoir semblable exigence, que nous indiquons un chemin plus court que le chemin qu'a indiqué la Compagnie des houilles.

On nous dit : « Plus un pays possède de chemins de fer, « plus il a l'espoir d'en avoir de nouveaux. »

Nous ne comprenons pas très-bien comment cette phrase peut être appliquée à la situation de ce pays, qui n'a encore aucun chemin de fer.

Nous comprenons encore moins comment un pays qui a déjà un chemin de fer aurait plus de chance d'en avoir d'autres qu'un pays qui n'en a pas du tout.

Yssengeaux, par exemple, aujourd'hui que le chemin de fer passe à 14 kilomètres de ses murs, a-t-il plus de chances d'avoir un chemin de fer qu'il n'en avait alors qu'on proposait d'adopter, de préférence au tracé par la vallée de la Loire, le tracé par les plateaux ?

Gourdon aura-t-il plus de chances d'avoir un débouché lorsque les chemins de fer par les vallées du Lot et de la Dordogne seront en exploitation qu'il en aurait si le Conseil général du Lot, appuyé par la Société des mines de Decazeville, demandait à relier directement Figeac à Bordeaux par Livernon, Gourdon et Domme?

Ce raisonnement, on l'a tenu à Lombez et à Condom,

lorsqu'on a construit le chemin d'Agen à Tarbes; on l'a
tenu à Ribérac, lorsqu'on a construit le chemin de Périgueux à Coutras; à Barbezieux, lorsqu'on a fait le chemin
de Coutras à Angoulême; à Florac, à Bourganeuf, à Lar-
gentière, au Blanc, à Château-Chinon, à Uzès, à Mortain,
partout.

Nous répétons, nous, que, si on enlève l'appât de la
houille, et on enlève cet appât en créant le monopole qu'a
rêvé la Compagnie de Champagnac, Aurillac ne sera jamais relié à Vendes, et Mauriac et Pleaux seront à tout jamais privés de voies de communication.

« Le bassin de Champagnac est assez riche, nous crie-
« t-on, pour qu'on puisse espérer, dans un temps donné,
« expédier ses produits dans toutes les directions qui lui
« seront ouvertes. »

Un temps donné !

Quel temps? Deux siècles, peut-être. J'ai eu l'honneur
de recevoir la visite d'un Anglais de condition qui me disait ceci :

« Dans mon pays, une Compagnie qui serait aussi riche
« que prétend l'être la Compagnie de Champagnac, ne
« donnerait pas autant du cor. Aucun homme ayant un
« nom connu n'a fait de travail sérieux sur les probabilités
« du produit de cette mine. Je crains qu'il n'y ait là des
« hypothèses hypothétiques et des présomptions présomp-
« tueuses. »

Nous croyons, nous, qu'il y a du charbon à Champagnac, qu'il y en a beaucoup. Il est important pour nous
qu'on croie partout qu'il y en a des quantités fabuleuses.
Mais qu'il y en ait à l'infini, nous ne le croyons pas.....
Mais..... Mais..... Mais.....

C'est aujourd'hui seulement que j'ai pu me procurer le
numéro du *Conciliateur* du 27 septembre 1874, dans lequel
se trouve un extrait du *Moniteur du Cantal* ayant trait à
la commission d'enquête du chemin national.

Je ne vois rien d'officiel dans ce compte-rendu som-
maire, où l'on voit, comme partout, que, *par les soins de
la Société houillère de Champagnac, propriétaire du*

RICHE bassin de ce nom (vive Rotschild!), il *sera* établi un chemin industriel avec service public pour les voyageurs et pour les marchandises, et il *sera* créé, entre Champagnac et Argental, cinq stations : Fanostre, où le chemin se soudera à la ligne d'Eygurande à Vendes, Vendes, Saint-Projet, la Ferrière et Aylac.

Cela prouve-t-il que le Gouvernement n'exigera pas que les deux gares à Vendes soient en relation, et qu'il trouvera juste de laisser éloigner le plus possible de Mauriac le point de soudure des deux lignes?

Encore une fois, il ne paraît pas possible que le Gouvernement n'exige pas que les gares à Vendes des deux Compagnies soient en relation facile.

Si le Gouvernement exige que cette relation soit établie, il faut, au préalable, que l'altitude du palier de la gare à Vendes de la grande Compagnie soit connue, pour qu'on puisse fixer l'altitude du palier de la gare nationale. Si l'on oubliait de fixer cette altitude, l'une des gares pourrait très-facilement se trouver à 100 mètres plus haut que l'autre.

Or, la Compagnie de Clermont à Tulle ne s'est arrêtée à Largnac que parce qu'il est impossible de déterminer actuellement à quelle altitude il faudra arriver à Vendes pour se raccorder avec un prolongement vers Aurillac.

On ne connaîtra donc à quelle hauteur doit arriver à Vendes le chemin national, que lorsque les études définitives du prolongement vers Aurillac du chemin de Clermont à Tulle seront faites, c'est-à-dire lorsque le chemin national n'aura plus l'apparence ni l'ombre de la plus modeste utilité.

Combien de fois faudra-t-il donc répéter cela?

Cet article, qu'on nous reprochait de ne pas avoir lu, nous apprend encore ceci :

Lorsqu'on voudra se rendre de Mauriac à Saignes, il faudra d'abord aller en omnibus ou en diligence prendre le train national à Vendes. Si on ne verse pas en chemin, il faudra encore attendre à Fanostre le train régulier de la Compagnie de Clermont à Tulle, descendre de nouveau à

Transeix, et aller *pedibus autem* à Saignes. Même cérémonie pour revenir.

Il est urgent d'avoir de bonnes jambes, quand on a l'heur d'être desservi par des pataches nationales dans le style de celles qu'on nous réserve.

Ce n'est point, je le répète une polémique que nous avons entreprise.

Si j'avais à soutenir une polémique, je la soutiendrais avec les maîtres, et non avec *les gens* de la mine.

Nous n'avons aucune raison pour en vouloir à ces anciens serviteurs qui, avec un dévouement maladroit peut-être, mais en définitive avec un dévouement dont la sincérité fait excuser les défauts, soutiennent les intérêts de l'administration qui les paye. Que diable ! tout le monde n'est pas obligé d'être licencié en droit, ni licencié ès-lettres, ni même licencié ès-sciences, et chacun défend comme il le peut son morceau de pain.

On a eu tort, cependant, de jeter mon nom dans cette affaire.

Que peut faire un nom comme le mien dans une question de cet ordre ?

Je ne veux être ni chevalier de la Légion d'honneur, ni conseiller municipal. J'avais tellement peu d'intérêt à revendiquer la paternité de l'idée que j'ai émise, que je laissais à chacun, en brochant le canevas de la pétition qui a si fort soulevé la bile des orateurs de Champagnac, le droit de faire sienne mon idée.

Je ne suis point de l'école de ceux qui croient que ce pays est peuplé d'imbéciles qui commencent par regarder la signature, avant de savoir s'ils doivent accepter l'idée.

Je crois que ce pays a été trompé, que la demande du chemin national n'a pas été étudiée à tous les points de vue, et, quand je n'aurais pas le droit de dire ma pensée, je la dirais tout de même, parce qu'il n'y a pas de droit contre le droit, ni de raison contre la raison.

Je respecte profondément le Conseil général du Cantal et les membres de la commission d'enquête. Je connais la plupart de ceux qui ont fait partie de ce Conseil et de cette commission, je les estime tous, et je doute que parmi eux il se puisse trouver quelqu'un qui se trouvât blessé de la manifestation de ma pensée, quelque contraire qu'elle puisse être à la théorie qui a prévalu.

Je sais même que plusieurs se sont déjà ralliés à ma manière de voir, et seraient disposés à reconnaître honorablement, et comme il convient à des gens qui mettent la vérité au-dessus de l'amour-propre, que mon point de vue a certains avantages.

On m'a dit (ce n'est pas à Champagnac, c'est un personnage considérable qui m'a dit cela) que mon idée était bonne, mais que les Conseils généraux et les Conseils d'arrondissement avaient plus spécialement mission de défendre les idées de cette catégorie. Ce qui veut dire que je me suis mêlé de ce qui ne me regardait pas.

En Russie peut-être, peut-être en Chine, on pourrait admettre comme vraie cette théorie. Je crois, moi, qu'en France tout le monde a le droit de penser, de traduire et de propager sa pensée. Je crois que le droit de pétition est absolu, et que nul n'a mission d'enrégimenter, de caserner les idées, et de fermer la bouche à tous ceux qui n'ont pas un caractère officiel. Je crois qu'on peut crier au feu sans être pompier, et crier au voleur sans être gendarme.

J'ai pourtant laissé à tout le monde le temps de protester contre une mesure qui ruinerait ce pays, si elle était adoptée.

Ce n'est qu'au dernier moment que je me suis décidé à entrer en lice, puisque personne ne se présentait.

Ce n'est pas la première fois que je me suis trouvé seul contre ce qui semblait être tout le monde.

En 1870, j'étais seul un moment pour défendre des prisonniers prussiens contre une populace furieuse.

Au commencement de 1871, je me suis encore trouvé seul pour protester publiquement contre la commune victorieuse.

Seul aussi je me suis trouvé, quelques mois plus tard, pour essayer de faire comprendre aux vainqueurs de la commune que la clémence est encore de la justice.

Seul je suis en ce moment pour défendre dans ce pays une politique que je crois nationale contre les diverses élucubrations à l'édification et à la démolition desquelles nous assistons.

Mais je ne suis plus seul pour soutenir la lutte contre le chemin national : 3 anciens ministres, plus de 50 conseillers généraux, 30 députés, 3 inspecteurs généraux des ponts et chaussées, et tous ceux qui aiment sincèrement leur pays sont avec moi.

J'ai protesté le premier. J'avais le droit de le faire, car j'ai des intérêts dans ce pays, et n'en eussé-je pas eu, j'avais tout de même le droit de protester.

J'ai protesté parce que je hais les monopoles, les accaparements, et parce que je ne comprendrai jamais qu'on mette en prison un homme qui accapare tout le blé d'un misérable marché de village, alors qu'on décerne des couronnes à ceux qui veulent accaparer tout un pays.

J'ai protesté parce qu'il y avait du danger à protester, parce qu'il y en avait pour moi plus que pour tout autre, et qu'il n'est pas pour moi de volupté plus grande que d'affronter le danger lorsqu'il s'agit de soutenir une noble cause, un pays que je connais mieux que personne, que j'adopte et que j'aimerai toujours.

Maintenant, je vais me retirer de la lutte où je ne suis plus nécessaire, et je n'y rentrerai que si je retrouve encore des défaillances chez ceux qui vont me remplacer.

Z.

(Conciliateur)

4me ARTICLE

---

10 mars 1875.

Ce qui était, à la date de notre dernier article, une hypothèse, est devenu une réalité.

Ce que demande aujourd'hui la Compagnie de Clermont à Tulle, ce n'est plus une indemnité.

Cette Compagnie demande..... Devinez quoi?

Elle demande, purement et simplement, *la résiliation de sa concession,* si l'Assemblée approuve le projet de la Compagnie de Champagnac.

Dans sa lettre du 26 janvier 1875, adressée à M. le Ministre des Travaux publics, M. de Rostang, représentant de cette Compagnie, s'exprime ainsi :

« En laissant à notre charge des dépenses aussi grandes,
« et en nous privant des compensations légitimes que
« nous sommes en droit d'en attendre, notre bonne vo-
« lonté pourrait devenir impuissante. Notre exemple ne
« serait, sans doute, pas encourageant pour ceux qui ex-
« posent leur fortune dans les grandes entreprises dont le
« sort dépend de l'État. Enfin notre ruine servirait bien
« mal l'intérêt général du pays, en retardant, tout au

« moins, l'accomplissement d'une œuvre importante au
« point de vue de cet intérêt. »

Dans la lettre du 10 février 1875, le même représentant
de la Compagnie de Clermont à Tulle s'exprime ainsi :

« Nous avons l'honneur de vous faire observer, Mon-
« sieur le Ministre, que si les Compagnies de chemins de
« fer ne peuvent, à moins d'autorisation spéciale, posséder
« des mines de charbon ou des exploitations industrielles
« d'aucune sorte, il n'est que strictement juste, qu'à leur
« tour, les mines de charbon ou les exploitations indus-
« trielles ne soient pas concessionnaires de chemins de fer
« lorsque ceux-ci n'ont pas un caractère purement privé
« et industriel. »

Et plus loin :

« Livrée à ses ressources probables, l'entreprise que
« nous avons faite, s'achèvera dans des délais bien moin-
« dres que ceux prévus par notre cahier des charges, et
« d'une façon équitable pour tous les intérêts engagés. La
« loi du 4 août 1872 aura reçu ainsi son exécution.

« Mais, au contraire, Monsieur le Ministre, si la situa-
« tion nouvelle que vous voulez créer, pèse sur les desti-
« nées de la Compagnie, le crédit nous manquera pour
« accomplir notre œuvre, en supposant même que nous
« ayons le triste courage de le solliciter, et d'appeler des
« capitaux que nous serions sûrs de compromettre.

« Nous demanderons alors à l'État de nous venir en
« aide, et s'il repousse notre juste demande, *il aura la res-*
« *source de confisquer notre cautionnement, et de procéder*
« *rigoureusement aux exécutions prévues par notre cahier*
« *des charges.*

« Notre réseau reviendra alors à une grande Compagnie,
« car il faudra bien exécuter la loi du 18 juillet 1868, dont
« notre Compagnie, ainsi maltraitée, aura été impuissante
« à accomplir le vœu. Une subvention, double peut-être
« de celle que nous recevons, sera alors jugée nécessaire,

« et tout paraîtra sauvé, et tout le sera peut-être, sauf les
« *intérêts du trésor* et ceux de *l'éternelle justice.* »

Est-il clair, ce langage, dans sa noble simplicité ?

Oui, si l'Assemblée se décide à autoriser la concession
du chemin industriel de Champagnac à Saint-Denis, le
chemin de Clermont à Tulle, avec embranchement sur
Vendes, tombe immédiatement dans le néant. Le but de
ce chemin était la houille. La houille enlevée, le but manque, et il n'y a plus de chemin. Il n'y a plus ici de supposition, il y a une certitude, une certitude absolue.

Si le Corps législatif nous abandonne, il ne peut violer
la loi qui défend les accaparements et ne permet jamais
aux Compagnies de chemins de fer d'être propriétaires de
mines de charbons et d'exploitations industrielles. Le
Corps législatif ne peut donc, tout souverain qu'il est, autoriser qu'un chemin industriel, ne transportant ni marchandises, ni voyageurs.

S'il agit autrement, il crée un privilége comme il n'en a
jamais existé, nous le répétons, dans aucun pays ni dans
aucun temps.

Dans le rapport fait à la commission chargée d'examiner
le projet qui est devenu la loi du 12 juillet 1865, M. Léo-
pold Le Hon prévoyait le cas où se meut aujourd'hui la
Compagnie de Champagnac.

« Sans cela, disait-il, on aurait vu se créer de nom-
« breuses lignes n'ayant pas une destination purement
« locale, qui, *au lieu d'être des affluents des grandes*
« *lignes, seraient venues leur faire concurrence,* établir
« des communications plus directes, et changer ainsi l'é-
« quilibre des réseaux attribués aux grandes Compa-
« gnies. »

La circulaire adressée, le 12 août 1865, aux Préfets par
le Ministre des Travaux publics, explique de la manière la
plus catégorique et la plus formelle que toute ligne qui
offrirait un risque de concurrence, sortirait, par ce fait
seul, de la loi de 1865, et *ne pourrait pas revendiquer le
titre et les immunités de chemin de fer d'intérêt local.*

Si, donc, la Compagnie de Champagnac veut faire son chemin, qu'elle le fasse à ses frais, qu'elle paye les droits de timbre, d'enregistrement et d'hypothèques que payent tous les particuliers lorsqu'ils achètent des immeubles, ou bien qu'on détruise, avec l'équilibre de toutes nos lois, la confiance que tous les concessionnaires de l'avenir devront avoir en l'Etat.

On nous dit que le Gouvernement ne s'est pas engagé à ne donner aucune autre concession, lorsqu'il a donné la concession du chemin de Clermont à Tulle ; que la loi du 4 août 1872 doit être exécutée par la Compagnie concessionnaire, cette Compagnie dût-elle se ruiner.

Il n'est pas honnête, ce raisonnement.

Lorsque le Gouvernement crée la concession d'un bac entre deux localités, il ne s'interdit pas non plus le droit d'établir des bacs voisins.

Croit-on que le concessionnaire du premier bac, qui comptait sur les droits de passage, et qui avait calculé sur l'activité de la circulation au moment de sa concession, ne soit pas *volé* si on établit à côté de lui un deuxième bac qui lui enlève la moitié de ses bénéfices.

Oui, ce serait un vol légal qu'établirait la loi dont la Compagnie de Champagnac sollicite et presse la délibération.

Le général Billot disait dernièrement, au risque de laisser dans la manifestation de son indignation une partie de sa popularité : « L'adoption du projet de Champagnac « constituerait pour la Compagnie de Clermont à Tulle, et « pour nos départements, la plus monstrueuse des iniqui- « tés. »

Eh bien, cette iniquité, que vous le croyiez ou non, est sur le point de s'accomplir, et tous ceux qui sont honnêtes doivent lutter contre l'iniquité.

Si encore il ne s'agissait que d'une iniquité, beaucoup auraient le droit de dire : Je ne suis ni Procureur, ni Don Quichotte, et je ne me mêle pas de l'affaire ; mais il s'agit de l'intérêt de ce pays, de sa vitalité.

Jamais, si le chemin des houillères est concédé, on ne

trouvera de concessionnaires pour le chemin de Clermont à Tulle, pour les chemins de Limoges, d'Aubusson, de Montluçon, de Neussargues et d'Aurillac à Vendes. Regardez donc la carte, et vous y lirez que si le chemin industriel de Champagnac à Saint-Denis est exécuté, un seul chemin conservera une raison d'être. Ce chemin, partant d'Aubusson, passant à Saint-Angel, à Saint-Julien ou à Roche, ira se raccorder à Champagnac au tronçon du chemin industriel.

Jamais Ussel ne sera rattaché ni à Clermont ni à Tulle. Egletons, Bort, Mauriac, Pleaux, Salers, Saint-Cernin, Tauves, Latour, Rochefort, etc., seront perdus à tout jamais.

Tout le grand quadrilatère de 160 kilomètres de long sur 120 kilomètres de large, au milieu duquel nous nous trouvons, deviendra une sorte d'apanage de la houillère de Champagnac, ou de la Compagnie qui est derrière elle.

Vous ne le croyez pas, n'est-ce pas? Eh bien, lisez le *Journal officiel* des 16 et 17 août 1874, n° 224, page 5917, vous y verrez que toutes les sociétés métallurgiques et tous les bassins houillers du centre de la France se trouvent entre les mains de la même Compagnie. Cette Compagnie est la cousine germaine de la Compagnie de Champagnac. M. Mony, dans un discours qu'on avait des raisons pour laisser passer inaperçu, a même déclaré que ces Compagnies étaient sœurs.

Il faudra peu de temps pour inféoder tout ce pays neuf à une seule Compagnie. Oh! très-peu de temps. Cet Omnium (c'est ainsi, je crois, qu'on appelle cela en patois industriel) est tout prêt à être constitué.

Ce pays deviendra une nouvelle Écosse. Nous ne serons plus en France. Nous serons de l'autre côté de la montagne. Fouchtra!

Et pourtant tout l'échafaudage repose sur le consentement unanime des populations. Les Conseils généraux, les trois Conseils d'enquête, *à l'unanimité*, le Conseil général des Ponts-et-Chaussées, et le Ministre des Travaux publics ont donné leur adhésion à la ruine de ce pays. Ils l'ont

donnée sans en avoir conscience, mais, enfin, ils l'ont
donnée.

En avant donc. Ce n'est pas aux crétins que je m'adresse,
c'est aux hommes qui comprennent, qui connaissent et
qui aiment leur pays, c'est à ceux qui ont horreur des
priviléges, du monopole, que je viens dire, moi réaction-
naire, dans l'étendue la plus large du mot : Prenez garde !
jamais aux temps héroïques du régime féodal, personne
n'a rêvé une pareille domination, un pareil accaparement.
Jamais les intérêts de tout un pays ne furent mis en échec
par une entreprise particulière et par les nécessités d'un
intérêt privé.

Vous avez affaire à une honnête Compagnie, qui a rempli
sérieusement, consciencieusement ses obligations, qui est
prête à tous les sacrifices, qui a des fonds assurés et
déposés en bonnes mains, des ateliers montés, des terrains
achetés, des plans terminés qu'elle modifiera encore,
comme elle l'a déjà fait, si les intérêts des populations
l'exigent, un service organisé dans les meilleures conditions.

Vos intérêts sont tellement conformes à ceux de cette
Compagnie que, sans s'entendre, sans se voir, sans se
parler, ceux qui soutiennent les deux causes connexes
ont traité la question dans le même sens et (chose étrange)
ont quelquefois employé les mêmes mots pour exprimer
leur pensée.

Vous avez affaire à une Compagnie qui a compris ce
pays, ses besoins, sa topographie, ses intérêts; qui, d'une
île au milieu du monde industriel, voudrait faire un centre
d'une importance telle que nous n'aurions plus rien à
envier à aucune contrée de la France.

Et vous dormez !

Allons, réveillez-vous donc. Il n'est pas possible que
vous deveniez, par votre mutisme, les champions du monopole, que de gaîté de cœur vous laissiez établir un précédent au nom duquel, du Buisson à Aubusson, toutes les
richesses de votre sol, qui étaient destinées à vous procurer des voies de communication, s'écouleront clandes-

tInement au profit de quelques millionnaires affamés d'accaparement.

Vous avez peur de l'administration. Je sais que quelque part on a exhibé cet épouvantail.

L'administration est neutre, absolument neutre en ces questions.

Si elle n'était pas neutre, elle devrait pencher du côté d'une Compagnie qui existe en vertu d'une loi, plutôt que du côté d'une idée qui, tant que l'Assemblée n'aura pas parlé, est encore à l'état d'embryon.

L'administration est, et doit être, pour ce qui est; elle ne peut point suivre ceux qui, parmi vous, veulent laisser la proie pour l'ombre, le certain pour l'idéal, la réalité pour l'hypothèse.

Encore une fois on s'appuie sur le silence des populations et sur l'unanimité des conseils d'enquête. Il n'y a pas d'autre arme sérieuse contre nous.

Le silence est donc un crime aujourd'hui, un crime d'autant plus grand que jamais pays n'a eu plus de raisons, plus d'intérêt à avoir un chemin de fer et n'a été plus sérieusement menacé d'en être à tout jamais privé.

Ce n'est pas seulement le Cantal, c'est la Corrèze, c'est la Creuse, c'est le Puy-de-Dôme, c'est le Lot qui sont intéressés dans la question. C'est tout le centre de la France, en un mot.

Il n'y a point ici de question politique en jeu. Il ne doit point non plus y avoir de levain d'amour-propre. Si j'avais eu l'honneur de faire partie d'un conseil d'enquête, je trouverais de la gloire à me rétracter aujourd'hui, car se rétracter est honorable lorsqu'on s'est honorablement trompé, alors que persister lorsqu'on reconnaît son erreur constitue une véritable complicité.

Il faut des pétitions, entendez-vous bien? des pétitions en masse. Il ne reste plus que ce moyen pour faire comprendre à l'Assemblée qui va être appelée à se prononcer, qu'on avait comme elle d'autres préoccupations lorsque les représentants légaux de ces pays se sont si malheureusement prononcés contre les véritables intérêts qu'ils avaient non seulement la mission, mais le désir de soutenir.

Il y a partout une foule de personnes qui peuvent libeller ces pétitions, lesquelles n'offrent aucune difficulté de rédaction. Il n'est pas nécessaire de défendre en termes techniques les intérêts de son pays. La Chambre ne s'arrêtera pas à ces minuties technologiques.

Si, par hasard, il se trouvait des gens modestes qui se crussent incapables de fabriquer une pétition, qu'ils s'adressent au bureau du journal. On leur enverra gratuitement une pétition toute faite et on exposera toutes les raisons particulières qui peuvent militer en faveur de leur réclamation.

L'Assemblée, croyez-le donc, ne regardera qu'une chose : le nombre des signatures ayant quelque valeur. Elle ne s'occupera pas de la prose, et une simple pétition portant tout bonnement ceci :

« Les soussignés prient l'Assemblée de ne pas accorder
« à la Compagnie de Champagnac (ou à la Compagnie qui
« se cache derrière elle) la concession qu'elle demande,
« parce que les intérêts de la Compagnie des houilles sont
« contraires à l'intérêt du pays, »

Serait aussi bien accueillie que la pétition la plus longuement et la plus savamment composée.

En avant ! Encore en avant ! L'Assemblée pourrait être surprise. Le salut est dans le nombre des protestations.

Z.

P. S. — Les pétitions devront être adressées à un député quelconque (la couleur n'y fait rien), ou à la Commission spéciale des chemins de fer du Corps législatif, à Versailles.

(Indépendant du Cantal).

5me ARTICLE

13 mars 1875.

Nous venons de prendre communication du projet de
loi déposé sur le bureau de l'Assemblée par M. Caillaux,
ministre des travaux publics, projet ayant pour objet la
déclaration d'utilité publique et la concession à la Société
des houillères de Champagnac du chemin de fer de Champagnac à Saint-Denis-lès-Martels.

L'exposé des motifs de ce projet contient l'énumération
des tergiversations diverses qu'a subies la Compagnie de
Champagnac.

M. le Ministre n'a pas peur de passer pour un fabricant
et un propagateur de fausses nouvelles, en disant que la
première pensée de la Compagnie de Champagnac ne
visait en aucune façon l'intérêt des populations;

Que c'est *sur la demande* des départements traversés
que cet intérêt des populations a été aperçu par la Compagnie des houilles;

Que cette Compagnie avait, sur les réclamations pres-
santes des intéressés, manifesté l'intention de ne trans-

porter des voyageurs et des marchandises que sur la partie comprise entre Argentat et Saint-Denis;

Que, dans une lettre du 22 décembre 1874, la société de Champagnac, revenant sur les généreuses dispositions qui lui avaient été imposées, a de nouveau demandé la concession d'un chemin spécialement et uniquement destiné au transport de sa houille.

Qui disait donc, dans un article du 16 janvier 1875, qu'il y aurait un service public de voyageurs et de marchandises, et des stations à Vendes et à Saint-Projet?

C'est au nom de la Compagnie de Champagnac, sans doute, que l'on disait cela le 16 janvier, et ce n'est que le 2 février que la Compagnie de Champagnac (à laquelle M. le Ministre des finances trouvant, comme nous, que la proposition de la Société ne répondait pas à un intérêt général suffisamment caractérisé, avait, le 5 janvier 1875, refusé la subvention demandée) abaissait le chiffre de ses prétentions à 20,000 fr. par kilomètre.

Qui donc avait menti, et menti sciemment?

Nous voyons encore dans le projet de loi que le point extrême du chemin transportant voyageurs et marchandises sera Vendes et qu'il y aura « un prolongement de « Vendes au centre de l'exploitation à ou près Lempret, « ledit prolongement destiné au service *spécial* de cette « exploitation. »

Nous voyons que la Compagnie aura un an, à partir de la date de la loi approbative de la convention, pour présenter ses projets définitifs, et quatre ans, à partir de l'approbation par l'administration des projets définitifs, pour exécuter le chemin.

Cependant, dans un article du 6 février 1875, on disait que, si nous avions pris connaissance du dossier, nous aurions vu que ce n'était pas à Vendes que devait s'effectuer le raccordement du chemin industriel et de la ligne de Clermont à Tulle, et on nous renvoyait à un extrait du procès-verbal, inséré au *Conciliateur* du 26 septembre 1874.

Cet extrait porte textuellement que Fauostre sera le

point extrême où le chemin industriel se soudera avec la ligne d'Eygurandes à Vendes;

Que le chemin industriel sera terminé dans deux ans, à partir du décret de concession, décret que la Société de Champagnac, propriétaire du riche bassin de ce nom (allez la musique!) espère obtenir avant la fin de 1874;

Que ce chemin ouvrira un débouché aux schistes et charbons de Vendes, lesquels arriveront sur le marché de Bordeaux avec une économie de 2 francs par tonne.

Si donc on nous traduit en police correctionnelle, il faudra y traduire aussi M. le Ministre des travaux publics.

Si Fanostre n'est pas le point de raccordement des deux lignes transportant des voyageurs et des marchandises, si ce point de raccordement est Vendes, nous demandons de rechef à quelle altitude le chemin industriel devra arriver à Vendes pour que le raccordement des deux gares en ce point soit possible, alors que la Compagnie de Clermont à Tulle ne connaîtra l'altitude qu'elle doit adopter que lorsque la direction du prolongement vers Aurillac sera connue, c'est-à-dire lorsque le chemin industriel-national aura perdu toute apparence d'utilité.

Sacrifiera-t-on, là aussi, la Compagnie de Clermont à Tulle, le raccordement désiré, imposé par les lois de la topographie, du commerce, de la justice distributive, de Vendes à Aurillac, par Mauriac et Pleaux, aux exigences d'une petite compagnie inconnue et qui, jusqu'à présent, fait moins de besogne que de bruit?

Comment a-t-on pu établir que le transport du minerai de Vendes sur le marché de Bordeaux par le chemin industriel offrirait une économie de 2 francs par tonne?

On lit, au folio 2 du projet de loi : « Le tarif du chemin « de Champagnac serait celui du chemin de fer de Lagny « aux carrières de Neufmoutiers, qui a été approuvé par « décret du 26 décembre 1871. »

Ce tarif est de 10 centimes par tonne et par kilomètre. Le tarif de la Compagnie de Clermont à Tulle est juste de moitié moins élevé.

La distance de Vendes à Saint-Denis par le chemin national étant de .... 105 kil.

La distance de Saint-Denis à Brives de 28

Total .... 133 kil.

La distance de Vendes à Tulle par le chemin de Clermont à Tulle, étant de .... 131 kil.

La distance de Tulle à Brives, de 26

Total .... 157 kil.

Le transport d'une tonne de charbon, de Vendes, coûterait : par le chemin national .... 13 f. 30 c.

Coût du transbordement évalué par M. le Ministre lui-même (fol. 6 du rapport) .... » 17

Total .... 13 f. 47 c.

Par le chemin de Clermont à Tulle : 157 kilomètres × 0,05 c., donnent 7 85

Le transport à Bordeaux des charbons de Vendes, par la ligne de Clermont à Tulle, coûterait donc .... 5 f. 62 c.

de moins que par la ligne économique de la vallée.

Ajoutant à ce chiffre les 2 francs d'économie par tonne, dont il est si aventureusement parlé dans le rapport de la commission d'enquête du 23 septembre 1873, ci .... 2 »

On trouve entre l'évaluation de la Compagnie de Champagnac et l'évaluation vraie, un écart de .... 7 f. 62 c.

SEPT FRANCS SOIXANTE-DEUX CENTIMES par tonne !

On comprend facilement que le Gouvernement ait adopté ce tarif de 10 centimes. Le Gouvernement ne peut pas vouloir nuire à la Compagnie de Clermont à Tulle, et il aurait nui à cette Compagnie s'il eût approuvé un tarif proportionné de façon à lui enlever tout son trafic.

Mais il ne faut pas que la Compagnie de Champagnac

essaye, sur ce terrain plus que sur tout autre, de démontrer qu'il y a dans son projet un autre élément que l'élément de son intérêt privé.

Toutes les fois qu'on lâche la bride au monopole, on arrive à des résultats bizarres.

S'il n'est pas vrai que Bordeaux soit le marché unique de la houille, et s'il est vrai que la Compagnie de Champagnac ne puisse pas se vanter de pouvoir satisfaire aux besoins du centre de la France, dont l'industrie souffre faute de houille, il n'y a aucune raison pour accorder la concession et la subvention demandées.

Dans le cas contraire, s'il y a véritablement intérêt public, national, à sacrifier un pays immense et qui n'attend, pour devenir un foyer industriel de premier ordre, que de la houille au meilleur marché possible et des voies de communication, pourquoi donc placer le charbon de Vendes dans une position inférieure à celle qui est faite au charbon de Champagnac?

Si la Compagnie de Vendes, tout aussi respectable que la Compagnie de Champagnac, et peut-être plus riche, en charbon du moins, demandait, elle aussi, à construire à ses frais un chemin industriel par la vallée de la Dordogne, ferait-on droit à sa demande? A quelques centaines de mètres du puits de Lagraille, la Compagnie de Vendes pourra, quand elle le voudra, établir, tout aussi bien que la Compagnie de Champagnac, qu'elle a découvert de *nouvelles richesses minérales*. Il y a 30 ans que ces nouvelles richesses minérales sont découvertes, mais à la campagne on n'y regarde pas de si près, et il se pourrait trouver un ministre qui acceptât la nouveauté desdites découvertes, absolument comme M. Caillaux accepte la nouveauté des découvertes de Champagnac.

Si on faisait droit à la demande des concessionnaires de Vendes, *propriétaires*, eux aussi, *du riche bassin de ce nom*, il faudrait d'abord décréter qu'il y a place pour deux chemins de fer dans cette vallée de la Dordogne, où il est même douteux qu'il soit possible de respecter les conditions imposées par le Conseil général des Ponts et

chaussées au folio 5 du projet de loi : « Ce chemin de fer
« sera établi de manière à n'intercepter nulle part la cir-
« culation sur le chemin de rive de la Dordogne. »

Que faire alors de Vendes ?

Abaissera-t-on le tarif entier du chemin de Champagnac ?

Impossible. Les concessionnaires de Champagnac s'y
opposeraient, aussi bien que la Compagnie de Clermont à
Tulle.

Abaissera-t-on le tarif pour le transport du charbon
de Vendes seulement ?

Impossible encore sans violer la justice et les droits
acquis. La Compagnie de Clermont à Tulle, Bort, Messeix,
Singles, Le Chavanon, Pont-Gibaud, tout le bassin houiller
de la haute Dordogne, protesteraient et voudraient profiter de l'abaissement des tarifs imposé pour Vendes seulement, et il n'y aurait pas d'avocat au monde qui puisse
établir que ces protestations ne seraient pas fondées.

Au folio 7 de l'exposé des motifs, M. le Ministre s'exprime ainsi :

« Les rapports présentés en 1868 au Corps législatif
« signalent l'utilité qu'offrira cette ligne pour l'exploita-
« tion des mines de houille de Messeix, de Singles et de
« Champagnac ; mais ce n'était pas là l'objet principal,
« comme on semble l'indiquer aujourd'hui, de la création
« de ce chemin, car, s'il en eût été ainsi, on n'eût pas
« manqué d'adopter, préférablement au tracé direct par
« les plateaux, la direction par Vendes, venant se souder,
« par la vallée de la Dordogne, au chemin de Brives à
« Figeac.

« La pensée dominante exprimée dans tous les rapports
« qui ont servi de base à la loi de 1868, a été de relier, par
« la voie la plus courte, Lyon, Saint-Etienne et Clermont
« avec Bordeaux. Le débouché offert aux houillères de
« Champagnac n'était représenté que comme l'un des
« éléments accessoires des produits du chemin projeté. »

M. le Ministre convient donc qu'une ligne par la vallée
de la Dordogne ferait double emploi avec la ligne par les

plateaux. Il convient que l'embranchement n'a été décrété que pour permettre l'exploitation des houilles de Champagnac *et pas pour un autre motif*.

Un embranchement de 50 kilomètres de chemin à grande voie, demandant une dépense de 25 millions au moins, destiné *exclusivement* à desservir des mines mal étudiées : M. le Ministre trouve que ce n'est pas assez.

Si l'importance de ces mines n'était pas connue, comme M. le Ministre semble le croire, pourquoi donc faisait-on et imposait-on des dépenses pareilles sous le prétexte d'exploiter l'inconnu? Quand donc, et dans quel pays, a-t-on fait des sacrifices semblables pour les mines les mieux étudiées?

M. le Ministre ajoute : « L'importance du trafic que l'on « pouvait espérer était indiquée dans le rapport remar- « quable présenté au Sénat par l'honorable M. Béhic. On « y trouve en effet le passage suivant : « Les mines de « houille de Messeix, de Singles et de Champagnac, ré- « pandues sur 3,352 hectares, seraient en mesure, au dire « des ingénieurs des mines, d'extraire 80,000 tonnes par « an, si une voie de fer directe et économique leur ren- « dait accessible le marché de Bordeaux et des localités « environnantes. »

C'était donc pour rendre aux mines visées par M. Béhic l'accès facile du marché de Bordeaux que l'embranchement était décrété. *Il n'y avait pas d'autre motif*, dit M. le Ministre.

Et pourtant la Compagnie de Champagnac ne met en avant, à l'appui de la demande de concession, aucune autre raison que la raison indiquée dans les rapports de MM. Béhic et Caillaux.

Comment! on décrète un embranchement *tout exprès* pour permettre aux houilles de Champagnac de se présenter économiquement sur le marché de Bordeaux, un embranchement difficile et coûteux, traversant un pays désert, où tout élément de trafic manquera certainement toujours, et, au moment où cet embranchement va être construit, on lui enlève sa raison d'être, son but unique, sous le prétexte qu'il y a un chemin plus court.

Et si demain les mines de Vendes, du Chavanon, de Messeix, de Singles, trouvaient, elles aussi, un chemin plus court pour aller à Bordeaux (les chemins industriels étant admis, ces découvertes ne sont point difficiles), sur quelle objection s'appuierait-on pour les empêcher d'enlever, de cette manière, aux compagnies qui servent le public, le seul trafic sérieux sur lequel elles peuvent compter?

Comment trouverait-on des compagnies qui, de gaieté de cœur, voulussent se décider à entreprendre des lignes sur lesquelles elles seraient certaines de ne rien transporter? Et les grandes Compagnies qui exploitent actuellement, comment pourraient-elles dormir tranquilles si chaque propriétaire de mine ou d'usine s'amusait, sous le patronage du Gouvernement, à chercher les raccourcis rendus possibles par l'adoption des voies étroites, et à enlever aux Compagnies existantes le pain quotidien qui leur est indispensable?

On pourrait inventer des monopoles, imaginer des fusions, des calculs de tarif, faire des combinaisons à l'infini : rien ne résisterait à cette théorie nouvelle, et nos grands réseaux retomberaient dans le néant avant d'avoir été complétés.

« Telles étaient, dit M. le Ministre, les évaluations sous « l'empire desquelles la Compagnie concessionnaire du « chemin de Clermont à Tulle s'est présentée à l'adjudi- « cation du 17 avril 1870.

« Depuis cette époque, les *découvertes importantes* qui « ont été faites par la Société de Champagnac permettent « de fixer à plus de 300,000 tonnes par an l'extraction « probable de la houille de ce bassin. Or, *il n'est pas dou-* « *teux* que, sur ce tonnage, plus de 80,000 tonnes soient « transportées par le chemin de Clermont à Tulle pour « alimenter le grand marché de Clermont-Ferrand et ceux « de Pont-Gibaud, de Thiers et de Tulle.

« Le transport des houilles du bassin de Messeix, situé

« sur la ligne même du chemin de fer, et dont le produit
« annuel peut être évalué à 25 ou 30,000 tonnes, ne peut
« en aucun cas lui échapper.

« Le chemin projeté par la vallée de la Dordogne laisse
« donc intactes les prévisions qui ont servi de base à la
« ligne des plateaux. Le Gouvernement n'a pas cru qu'il
« lui fût possible de refuser à la Société de Champagnac
« les moyens de donner à son exploitation un débouché
« en rapport avec les *nouvelles* richesses minérales dont
« elle vient de constater l'existence. »

Messeix est sur la ligne principale de Clermont à Tulle.
Les mines de Singles sont à 4 kilomètres de cette ligne, et
puisque la Compagnie de Clermont à Tulle, qui, d'après
M. le Ministre, ne pouvait compter que sur un trafic de
80,000 tonnes, trouvera 30,000 tonnes à Messeix, l'embranchement d'Eygurandes à Vendes devra être construit
pour transporter 50,000 tonnes provenant de Champagnac.

50,000 tonnes à 5 centimes par kilomètre représentent,
pour les 50 kilomètres de l'embranchement, un revenu de
125,000 francs.

La dépense nécessaire pour la construction de l'embranchement étant évaluée à 25 millions, les intérêts à
5 0/0 seulement de ces 25 millions représenteraient 1 million 250 mille francs.

C'est un joli placement que l'on conseille à la Compagnie
de Clermont à Tulle : Faire sortir annuellement de sa
caisse 1 million 250 mille francs pour y faire entrer 125
mille francs : gagner juste le dixième du revenu de ce
qu'on dépense, c'est une théorie lucrative nouvelle, on est
forcé d'en convenir.

Et les frais d'exploitation?

Et les 50,000 tonnes que doit fournir la Compagnie de
Champagnac? Par quel procédé arrivera-t-on à la lier de
façon à ce qu'elle soit obligée de les fournir?

Il n'est pas douteux qu'elle les fournira et même qu'elle
en offrira davantage, dit M. le Ministre.

Quelle que soit la confiance que l'on doive avoir dans la
parole ministérielle, il n'est pas un homme d'affaires qui

pensera qu'il ne soit pas imprudent de jouer 25 millions sur ces quatre mots : « Il n'est pas douteux. »

Lorsqu'on lui demandera du charbon, la Compagnie de Champagnac répondra : J'ai fait un chemin de fer pour transporter ma houille à Bordeaux, où je vends le charbon plus cher qu'il ne se vend ailleurs. En m'autorisant à construire mon chemin, on n'a pas pu vouloir me priver des moyens de l'alimenter. Je n'ai pas de charbon de reste. Allez en chercher à ma mine de Commentry.

Est-il bien vrai que la Compagnie de Clermont à Tulle n'ait compté que sur les 80,000 tonnes accusées solennellement par M. Béhic?

80,000 tonnes! — Qui donc savait s'il y avait 80,000 tonnes à enlever, plutôt que 500,000, plutôt que 10,000? Personne, évidemment. Personne n'a cru davantage à ce calcul sur l'inconnu appliqué à la production de Champagnac, que l'on n'a cru au même calcul appliqué à la production d'autres mines.

M. Rivière, dans un rapport du 10 mars 1861, évalue à 100,000 tonnes par an la production d'un seul puits de la concession de Champleix (Mines de Vendes). M. Delisse évaluait la production annuelle de la même concession à 40,000 tonnes, M. Cabautous à 80,000 tonnes; M. de La Grange s'aventurait jusqu'à évaluer la production du gisement de Vendes à 6 millions 336 mille tonnes. Dans son travail du 1er février 1869, M. Tardieu évaluait à 75 millions 840 mille tonnes la production de la houillère de Messseix.

Toutes ces évaluations sont de pure fantaisie, et il est étonnant que M. le Ministre, qui n'a pas pu lire évidemment dans la pensée de la Compagnie de Clermont à Tulle, vienne lui dire : Vous n'avez compté que sur 80,000 tonnes et vous ne pouviez compter que sur 80,000 tonnes, parce que la parole de M. Béhic est un article de foi.

Pourquoi donc la Compagnie de Clermont à Tulle aurait-elle forcément accepté l'évaluation de M. Béhic plutôt que toute autre évaluation? Elle était évidemment maîtresse de choisir entre les évaluations diverses, maîtresse d'avoir une évaluation à elle et d'appuyer sur cette évaluation le rabais de plus de 14 millions qu'elle a offert. Nul n'a le droit de scruter et d'interpréter sa pensée.

En 1854, M. l'ingénieur en chef Baudin évaluait à 240 millions d'hectolitres la richesse probable du bassin de Champagnac.

Personne, *pas même nous*, ne connaissait, en 1870, la grande richesse du bassin de Champagnac, dit aujourd'hui la Société des mines à la Compagnie de Clermont à Tulle.

Ah! personne ne la connaissait! Pourquoi donc est-ce qu'on en parlait, puisqu'on ne la connaissait pas? Il y a bien un mot qui caractérise cette manœuvre, ce fait de parler de ce qu'on ne connaît pas.

Pourquoi a-t-on porté quelque part, dans un document que j'ai vainement recherché, l'évaluation à 500,000 tonnes?

Pourquoi toutes ces brochures de 1854 à 1862?

Pourquoi, dans une délibération du conseil municipal de Mauriac, du 12 février 1860, le représentant de la Compagnie de Champagnac, alors maire de Mauriac, disait-il que, « d'après des appréciations déjà anciennes de M. Bau-
« din, la richesse houillère de Champagnac serait com-
« prise entre 120 et 240 millions d'hectolitres, et, ajoutait-
« il, que les travaux *exécutés depuis trois ans* dans une
« partie de ce bassin étaient de nature, par leurs résultats,
« à justifier *largement* les appréciations de M. l'ingénieur
« en chef Baudin? »

Pourquoi le même représentant de la Compagnie de Champagnac dit-il, dans son rapport fait en 1864 à la commission d'enquête du Cantal (folio 26) : « M. Barreau
« avoue que la raison d'être principale du chemin est la
« nécessité de créer des débouchés aux houilles, et recon-
« naît que les mines de Champagnac sont les plus impor-
« tantes de la contrée. Que l'on demande à MM. les ingé-
« nieurs des mines de la division de Clermont si la
« richesse du bassin houiller de Champagnac, comparée à
« la richesse totale du bassin de la haute Dordogne, n'est

« pas au moins, dans le rapport de la superficie, de
« 75 pour cent. »

Et MM. les administrateurs de Champagnac viennent
dire : Personne, *pas même nous*, ne connaissait, lors de la
concession du chemin de fer de Clermont à Tulle, la
grande richesse de Champagnac.

Allons donc !

Et M. le Ministre croit tout cela ; M. le Ministre, qui
connaît le Cantal, qui, au sortir de l'école, a débuté
comme ingénieur dans ce département, qu'il a aimé, lui
aussi, et qu'il abandonne aujourd'hui sur les données les
plus incertaines.

Que signifient donc tous ces écarts dans les évaluations?
Tantôt c'est 80,000 tonnes dans la bouche de M. Béhic,
tantôt c'est 200,000 dans la bouche du représentant de
la Compagnie de Champagnac, à la session du Conseil
général de la Corrèze, tantôt 300,000 dans la bouche de
M. le Ministre.

Et si demain quelqu'un portait à un million de tonnes
la production annuelle de la concession de Champagnac,
croirait-on que la Compagnie de Clermont à Tulle dût
forcément ne pas abandonner l'embranchement, sous le
prétexte qu'au moment où elle a pris l'engagement de
construire cet embranchement, elle ne pouvait compter
que sur un trafic déterminé?

Un trafic déterminé, d'une houille à enquérir !

Au point de vue du droit : il y a un contrat aléatoire.
L'embranchement a été décrété *exclusivement* pour permettre le transport de la houille de Champagnac à Bordeaux. Qu'il y ait peu ou prou de houille, qu'il y en ait
des millions de tonnes ou qu'il n'y en ait pas du tout, peu
importe.

L'État n'a pas garanti qu'il y avait de la houille; la
Compagnie de Champagnac ne l'a pas garanti non plus,
puisqu'elle prétend qu'elle parlait de richesses qu'elle ne
connaissait pas. La Compagnie de Clermont à Tulle n'a
pas dit qu'elle ne ferait pas son chemin si elle ne trouvait
pas une quantité de houille déterminée. On n'a parlé nulle

part de minimum ni de maximum. On n'a parlé que de la nécessité de transporter la houille de Champagnac à Bordeaux.

L'évaluation qui a été faite dans l'esprit de la Compagnie de Clermont à Tulle est donc la seule qui puisse être adoptée dans ce débat.

Il se trouve aujourd'hui que la Compagnie de Clermont à Tulle, que l'on blâmait pour avoir offert un rabais trop considérable, ne s'est pas trompée dans son évaluation, et c'est parce qu'elle ne s'est pas trompée, qu'on veut lui enlever son trafic.

Si elle se fût trompée, elle eût été obligée de construire tout de même l'embranchement, et on enlève à l'embranchement toute sa raison d'être, parce que les concessionnaires ne se sont pas trompés.

C'est une manière hardie et tout à fait neuve d'interpréter la loi de la corrélation dans les contrats aléatoires.

Il n'a été prévu, lors de la concession, aucune condition résolutoire en faveur d'aucun des contractants. La Compagnie de Clermont à Tulle n'a pas dit : Je ne ferai l'embranchement que s'il y a suffisamment de houille pour l'alimenter. L'État n'a pas dit : S'il y a plus de houille que nous le supposons, nous en détournerons une partie.

Il a été convenu tout simplement que, *pour faciliter le transport vers Bordeaux des houilles de Champagnac*, il serait fait un embranchement d'Eygurande jusqu'à Vendes, que l'on prenait à tort, mais enfin que l'on prenait pour l'extrémité sud du bassin houiller.

On objecte que l'État, en donnant la concession de la ligne de Clermont à Tulle, avec embranchement sur Vendes, ne s'est pas interdit le droit d'accorder d'autres concessions de chemins de fer; que l'article 60 du cahier des charges contient, au contraire, la réserve formelle que se fait l'État d'autoriser d'autres concessions de chemins de fer dans la contrée où est situé le chemin concédé.

Si. L'État, en spécialisant l'intérêt qu'il veut retirer de l'embranchement de Vendes à Eygurande, en précisant que cet embranchement n'a pas, comme tous les autres

chemins concédés, un but multiple, mais bien le but déterminé, *unique*, de permettre le transport à Bordeaux de
la houille de Champagnac, n'a pas le droit de rompre la
convention qu'il a signée, en accordant à une autre Compagnie un transport qu'il a accordé à la Compagnie de
Clermont à Tulle.

Ce n'est point une quantité de houille, c'est *toute* la
houille de Champagnac dont il a été concédé le transport
à la Compagnie de Clermont à Tulle.

On doit, aux termes de l'article 1156 du Code, recher-
cher quelle a été, dans la convention, la commune intention des parties, plutôt que de s'arrêter au sens littéral
des termes.

Si la clause était susceptible de deux sens, on devrait,
aux termes des articles 1158 et 1159, l'interpréter dans le
sens qui convient le plus à la matière du contrat, et sub-
ordonner aux lois de l'usage l'interprétation des termes
ambigus qui auraient pu être employés.

On n'a pas pu mettre dans un article du Code que l'État
serait tenu de remplir honnêtement ses engagements.
Cette obligation est sous-entendue, et l'idée n'est venue à
personne de répéter pour l'État le texte de l'article 1134,
ainsi conçu :

« Les conventions légalement formées tiennent lieu de
« loi à ceux qui les ont faites. Elles ne peuvent être révo-
« quées que de *leur consentement mutuel* et pour les cau-
« ses que la loi autorise.

« *Elles doivent être exécutées de bonne foi.* »

Cette condition d'exécution de bonne foi se trouverait-
elle dans l'approbation d'une concession de chemin de fer
dont le but unique est de transporter à Bordeaux les houilles de Champagnac, alors que c'est pour atteindre ce même
but unique que l'embranchement d'Eygurande à Vendes a
été décrété?

D'après l'article 1627 du Code, les parties peuvent convenir que le vendeur ne sera soumis à aucune garantie.

Oui, mais l'article 1628 porte :

« Quoiqu'il soit dit que le vendeur ne sera soumis à au-

« cune garantie, il demeure cependant tenu de *celle qui*
« *résulte d'un fait qui lui est personnel. Toute convention*
« *contraire est nulle.* »

Le vendeur, dans l'espèce, ne garantissait pas, je le répète, à la Compagnie de Clermont à Tulle, qu'il y aurait du
charbon à Champagnac, et cette absence de garantie en-
traîne, au profit de la Compagnie de Clermont à Tulle,
l'avantage de pouvoir transporter, non-seulement le charbon sur lequel elle avait cru pouvoir compter, mais encore
tout le charbon à découvrir.

C'est *tout* le transport que le vendeur a garanti par un
contrat irrévocable ; l'État ne peut reprendre une partie de
ce qu'il a donné sans cesser d'être garant de son fait personnel, sans violer, par conséquent, l'article 1628 du Code
civil.

L'idée de M. le Ministre se rapproche de la théorie de
l'action en lésion dont traitent les articles 1674 et suivants
du Code civil. *Mais il n'y a pas d'action en lésion dans les*
contrats aléatoires.

S'il y a lieu à action en lésion, où sont donc les trois
experts dont parle l'article 1678 ? L'affirmation seule de la
Compagnie de Champagnac remplace-t-elle avantageuse-
ment le rapport qu'exige la loi ? Eh bien, que l'on trouve
trois experts qui partagent le point de vue de la Société
de Champagnac, et soient de son avis sur la richesse du
bassin houiller, et nous nous rendrons immédiatement.
Que le contrat intervenu entre la Compagnie et l'État, au
lieu d'être assimilé à une vente, soit assimilé à un marché,
qu'il soit assimilé à un bail, même à un bail emphythéoti-
que, comme le veut M. Duvergier dans sa consultation du
25 février dernier, même à un échange, peu importe : les
articles 1706, 1712 et suivants confirment la théorie juri-
dique, incontestablement inattaquable, que nous avons
développée ci-dessus.

Comment a-t-il pu venir à la pensée de quelqu'un que la
Compagnie de Clermont à Tulle n'a dû compter que sur le
transport de 50,000 ou même de 80,000 tonnes ?

A moins d'être insensée, cette Compagnie devait compter sur 300,000, peut-être sur 500,000 tonnes. Si l'on fait la comparaison entre le produit du transport et l'intérêt des fonds nécessaires pour l'établissement du chemin de fer, on est obligé de convenir que la Compagnie de Clermont à Tulle, lorsqu'elle a fait le rabais fabuleux de 14 millions, supposait qu'elle trouverait à Champagnac plus de 80,000 tonnes à transporter.

Le transport de 500,000 tonnes, en effet, à 05 cent. par tonne, représente, pour la distance de 50 kilomètres de Vendes à Eygurande, une somme de 1,250,000 fr., somme égale à l'intérêt des 25,000,000 nécessaires pour la construction de l'embranchement.

Le peu de trafic que l'on peut trouver sur le chemin était destiné à couvrir les frais d'exploitation. Ce trafic eût-il couvert ces frais? Nous avons quelques données pour en douter.

Un mien ami vendit un jour, à des entrepreneurs de diligences, un cheval qui était devenu, je ne sais comment, vicieux et rétif entre ses mains. Lors de la vente, il avait fort vanté le cheval qui, d'après lui, était excellent, plein d'ardeur, infatigable, et *doux comme un agneau*.

Six mois après, le même ami, voyageant en diligence, remarqua avec étonnement que le cheval vendu était devenu parfaitement soumis, souple et obéissant comme l'animal auquel il l'avait comparé. Rendez-moi mon cheval, dit-il à l'acheteur, il y a lésion ; je croyais vous vendre un cheval vicieux, et c'est en considération de ce défaut que le prix a été fixé au plus bas.

— Oh! que nenni! répondit l'acheteur; vous m'avez vendu le cheval comme un animal doux et soumis, j'ai fait un bon marché, et je maintiens mon marché.

Les partisans de la théorie de Champagnac ne feraient peut-être pas mal de méditer un peu sur la légalité de la déconvenue qu'éprouva l'ami dont je viens de raconter l'histoire.

J'ai comparé quelque part la concession d'un chemin de fer à la concession d'un bac. Je reviens, je ne sais pourquoi, à cette comparaison.

Supposons que le Rhône enlève ce soir le pont de Valence. Demain on mettra certainement un bac en adjudication, pour permettre le rétablissement de la communication entre les Granges de Saint-Péray et Valence,

Croit-on que si, dans un an, l'État vient dire : « La po-
« pulation a augmenté, la ville s'est portée vers l'usine
« de MM. Deyrias, il est utile d'établir à 800 mètres plus
« haut un nouveau bac, » le concessionnaire du premier
bac ne répondra pas : « Lorsque j'ai accepté l'adjudication,
« je comptais, comme tout le monde, sur l'augmentation
« de la population ; je suis seul juge du calcul que j'ai
« fait, et je n'eusse point accepté la concession, si j'eusse
« pensé que l'État fût capable d'anéantir mon droit en se
« prévalant de la réserve générale qui existe dans tous les
« cahiers des charges. ».

Croit-on qu'après avoir établi le second bac, l'État pût
encore en établir un troisième entre les deux, puis un qua-
trième, puis un cinquième ?

Évidemment, personne ne croira cela. L'esprit se refuse
à admettre un pareil droit, et l'État lui-même a intérêt à
ne pas s'en prévaloir, s'il veut qu'on ait en lui la confiance
nécessaire, s'il veut conserver le crédit sur lequel doivent
compter ceux qui traitent avec lui.

Ces principes, conformes, je le crois, à la pratique de
tous les temps, sont reconnus par M. le Ministre des Travaux publics lui-même, au folio 6 de l'exposé des motifs :

« Il ne pouvait, dit-il, entrer dans la pensée de l'admi-
« nistration de porter atteinte aux droits conférés à la
« Compagnie de Clermont à Tulle par l'adjudication pro-
« noncée en sa faveur, et, si le chemin de fer projeté eût
« dû lui enlever le trafic dont le chiffre a servi de base à
« l'évaluation des produits probables de la ligne de Cler-
« mont à Tulle, l'administration se fût abstenue de donner
« suite à une proposition qui eût été contraire, sinon à son
« droit absolu, du moins *à l'équité*..... Mais on reconnaît
« que la ligne aujourd'hui projetée répond à une situation
« entièrement nouvelle du bassin houiller de Champa-
« gnac, situation qui n'était pas prévue en juin 1868, épo-

« que où le chemin de Clermont à Tulle a été déclaré d'u-
« tilité publique, non plus qu'en avril 1870, date de l'ad-
« judication de ce chemin. »

« Depuis cette époque, ajoute-t-il (fol. 8), les découver-
« tes importantes qui ont été faites par la Société per-
« mettent de fixer à plus de 300,000 tonnes par an l'ex-
« traction probable des houilles de Champagnac. »

« Les découvertes qui ont fixé la véritable valeur de
« cette houillère, est-il dit (fol. 4), sont *toutes récentes, et*
« *l'une des plus importantes ne remonte pas à plus d'un*
« *an.* »

Je crois avoir démontré, le Code à la main, que les découvertes récentes ne sauraient en rien modifier les
droits de la Compagnie de Clermont à Tulle, puisque ce
n'est pas le transport d'une quantité quelconque qui lui a
été concédé, mais le transport entier, vers Bordeaux, de
toutes les houilles du bassin.

Je vais maintenant essayer d'établir que rien, absolument rien, ne justifie la nouveauté des découvertes dont
parle la Compagnie de Champagnac.

Il n'est pas une Compagnie qui, de temps à autre, ne
donne pas un coup de grosse caisse pour faire savoir au
monde que les prévisions et les présomptions premières
de son importance et de sa richesse ont été dépassées.

Cinq fois la Compagnie de Champagnac a employé ce
moyen. Elle l'employait déjà dans la délibération du Conseil municipal de Mauriac du 12 février 1860, lorsque son
représentant, maire de Mauriac, disait : « Nous devons
« ajouter que les travaux faits depuis trois ans sont de na-
« ture à justifier largement les appréciations déjà ancien-
« nes de M. Baudin. »

Comment M. le Ministre a-t-il pu se prendre aux affirmations d'une Compagnie qui reconnaît elle-même qu'elle
ne savait absolument rien touchant la richesse de sa mine,
alors qu'elle prônait cette richesse pendant vingt années
de suite, et jetait des cris d'allégresse et de triomphe à tous
les échos de l'univers ?

C'est ce qu'il est impossible de s'expliquer.

Voilà une concession dont nul ne peut préciser la surface en terrain houiller, le sol étant recouvert en divers endroits par des alluvions, des éboulements et de la terre végétale ; une concession où les couches de houille, disloquées par des granites et des basaltes, sont enchevêtrées de cassures, de plissements, de brouillages, de gonflements de tous les calibres et de toutes les directions, lesquels ont modifié l'allure normale des couches, presque partout leur inclinaison, leur épaisseur, leur direction, et où cependant on prétend avoir fait des découvertes nouvelles, alors que l'on n'a suivi qu'à une très-faible profondeur les indications données par l'aspect superficiel des affleurements.

Toutes les recherches qui ont été faites consistent en grattages enfantins, pratiqués sans idée de suite, sans théorie arrêtée. Les nombreux affleurements et les profondes découpures d'un sol à relief tranché, à inclinaison de 60 à 80 degrés, ont favorisé presque partout ces recherches superficielles.

Quelqu'un connaît-il le nombre réel des couches de houille, leur puissance, l'allure de leurs accidents, la constance de leur direction ?

Et la profondeur : qui la connaît ?

Peut-on connaître cette profondeur sans un ensemble de coupes rigoureusement établies ?

Est-ce au Deveix qu'on a établi cette nouvelle richesse minérale ?

Au Deveix il n'y a que du fer, et l'on voit encore, à cent mètres de Saint-Thomas, les ruines d'une fonderie où ce fer était traité par Messieurs Mignot il y a plus de vingt ans.

Est-ce à Madic ?

Il y a trente ans que l'on vend de la houille de Madic. Le père Bernard employait cette houille dans son usine de ganterie, et la barraque en volige destinée à servir d'entrepôt à cette houille laisse encore voir, à Bort, en face de l'hôtel Ditard, la date de 1849.

Est-ce dans le puits de Lempret ?

Si c'était là, la Compagnie de Champagnac aurait peut-être trouvé l'argent nécessaire pour faire les quatre ou cinq cents mètres de chemin que réclament depuis vingt ans les industriels de Bort, lesquels sont encore, à l'heure qu'il est, obligés d'aller chercher à Lapleau de Meymac la houille que leurs chariots ne peuvent aller quérir à Lempret.

Est-ce à la Forestie? — Nullement.

Est-ce dans la fameuse galerie du Pont de Charlus?

Qui sait? C'est peut-être là la nouvelle découverte?

Ce qu'il y a de fâcheux, c'est que celui qui a cru avoir fait cette découverte et qui, je crois, lui a donné son nom, a enfoncé une porte ouverte. Il y a trente ans que les voyageurs qui prennent le raccourci de Parensol ont pu apercevoir dans le fond du ravin du Mas, au tournant qui est en dessous de la maison couverte en genêts, une des extrémités de ce filon, qui se dirige droit vers les ruines de Charlus.

Si ce qu'on a trouvé dans cette galerie était précieux, il ne fallait pas avoir l'imprudence de laisser traîner dans le communal autant de détritus lourds, sur lesquels le fer hydraté et le fer carbonaté s'étalent avec une regrettable impudeur. Il ne fallait pas laisser la porte ouverte, ni permettre au voyageur curieux d'aller se butter, au fond de cette galerie abandonnée, contre un mur de granite du plus beau rouge.

Est-ce dans le puits de Lagraille?

Là il y a quelque chose. Il y a du bon charbon, placé à la limite des houilles grasses maréchales et des houilles grasses flamboyantes, du charbon comme celui de la concession de Vendes, qui n'est qu'à 747 mètres du puits.

Il est bien évident que la marmite est à Vendes, et qu'en s'approchant de la concession de Champleix, on trouvera des filons de direction normale, d'une puissance de un à huit mètres, qui semble devoir augmenter encore avec la profondeur.

M. Rivière évaluait la profondeur du gisement de la concession de Vendes à 120 mètres environ, à Jaleyrac, et à 180 mètres environ à Champleix. La plus grande profondeur, d'après cet habile ingénieur, se trouverait donc vers la Sumène, c'est-à-dire à la limite des concessions de Vendes et de Champagnac.

Toutes ces données sont vieilles comme le monde, et la Compagnie de Clermont à Tulle les connaissait bien certainement.

Est-ce dans ces fouilles à ciel ouvert que l'on a pratiquées, au risque de mettre le feu à la mine, lorsque M. Mony est venu recevoir les félicitations des habitants de Champagnac et de ses faubourgs, et lorsqu'il a dit aux félicitants que la houillère de Champagnac ne serait pas une sœur jumelle, mais une sœur aînée (quelle drôle d'idée !) de la houillère de Commentry ?

Non. Ces fouilles, qui dessinaient l'assise houillère sur un développement de quelques centaines de mètres, ne sauraient constituer une découverte récente. L'affleurement était connu et très-connu de tout le monde, et depuis longtemps.

M. de Lamothe avait fait autrefois, dans la concession de Champleix, des fouilles qui ont attesté la présence de la houille sur une étendue de plus de deux kilomètres. Personne n'a eu l'idée de considérer ce grattage comme une découverte, la trace se trouvant, comme à Champagnac, constamment en affleurement.

Ah ! si, au lieu de polir et de dresser les murs de quelques filons, au lieu d'ouvrir des puits d'une trentaine de mètres de profondeur (mettons 50 mètres, pour être polis), puits agrémentés de machines de la force de quelques écureuils-vapeur, au lieu de creuser des galeries de quelques mètres de long, la Compagnie de Champagnac avait ajouté tous ses travaux les uns au bout des autres, et avait reporté tout le travail de ses recherches sur un point donné, alors peut-être elle eût pu avancer qu'elle avait quelque connaissance de la valeur de sa mine.

Si elle avait, à la Forestie, par exemple, ou à 800 mètres au sud-ouest de l'étang de Verrières, foré un puits de

200 mètres de profondeur, personne ne pourrait contester ses affirmations.

Personne ne pourrait non plus les contester, si elle avait ouvert une galerie horizontale partant de la Sumène, dans le grand filon qui est au-dessous du Rieu, et allant, à travers les bancs supposés, aboutir à la Dordogne, à un kilomètre environ en aval de la Vendée.

On croirait vraiment que cette Compagnie craint de n'avoir dans sa concession qu'un chapeau, et qu'elle n'ose descendre, de peur de rencontrer brusquement et à quelque distance le terrain primitif.

Pourtant nul ne pourra affirmer la puissance de cette mine, qui se présente, il faut le reconnaître, malgré la présence des bavures, des failles, des enchevêtrements de toute nature, dans les meilleures conditions, avant qu'on ait ouvert un ou deux puits d'une profondeur minima de 200 mètres.

Il n'y a pas besoin d'avoir été à l'école des Mines pour savoir cela.

C'est donc sur une hypothèse, une misérable hypothèse dont, paraît-il, il n'est pas donné à tout le monde de pouvoir étudier les éléments, que repose tout l'échafaudage du chemin national.

S'il n'y a pas de découvertes nouvelles, M. le Ministre en convient, il serait inique d'enlever à la Compagnie de Clermont à Tulle un trafic sur lequel elle comptait, trafic dont la Compagnie de Champagnac reconnaît, par son « pas même nous » qu'elle a aidé à exagérer les supputations.

Et il n'y a pas de découvertes nouvelles. Tout ce qu'on a découvert dernièrement, tout sans la moindre exception, était indiqué par des affleurements connus de tous ceux qui habitent le pays, affleurements notés par les ingénieurs des mines attachés à la Compagnie de Clermont à Tulle, laquelle pourrait, si la Société de Champagnac y tenait beaucoup, lui indiquer un gîte qu'elle ne connaît certes pas et qui s'annonce bien mieux que les gîtes de Lampret, de la Forestie et de Lagraille.

Voilà maintenant que je vais commettre des indiscrétions. Il serait grandement temps de s'arrêter. Cependant, puisque j'ai entrepris la guerre contre le projet de loi, il faut bien que je me laisse aller encore à exposer quelques considérations.

Monsieur le Ministre est absorbé par l'idée de faire arriver au meilleur marché possible, à Bordeaux, la houille de Champagnac.

Monsieur le Ministre sait bien pourtant que tout le centre de la France réclame de la houille, que tout ce pays abandonné est riche en minerais de toute sorte, qu'une vaste industrie n'attend pour s'y implanter que des voies de communication et du charbon. Il sait que les bassins houillers de Commentry, d'Ahun, de St-Eloy, ne peuvent suffire à la consommation des départements qui sont dans leur voisinage, que la houille de Brassac, enlevée dans la direction de l'Est et du Nord, laisse en souffrance les industries de sa région.

Il sait que, dans son rapport du 30 juin 1872, M. de Jouvenel constatait que l'Etat lui-même était condamné à consommer, à sa manufacture d'armes de Tulle, du charbon anglais payé 50 à 60 fr. la tonne. Et c'est vers Bordeaux, en évitant soigneusement Tulle, en évitant Bort, où l'élément industriel atteint en ce moment des limites respectables, en éloignant du Puy-de-Dôme, de la Creuse, de l'Allier, du Cher, de l'Indre, du Cantal lui-même sur le territoire duquel se trouve le gisement, du Cantal qui pourrait, au point de vue industriel et manufacturier, devenir une petite Angleterre, si quelqu'un prenait en pitié ses intérêts, la houille qui manque à ces départements, vers Bordeaux, dis-je, que Monsieur le Ministre pense qu'il est urgent de diriger le charbon de Champagnac.

Il faut pourtant choisir, entre l'industrie du centre de la France, qui réclame, qui mendie du charbon à bon marché, et cette idée étrange d'aller à Bordeaux faire une concurrence impossible aux houilles anglaises. Il est dit, page 4 de l'exposé des motifs, que l'économie trouvée par la Compagnie de Champagnac dans le transport par le chemin national de son charbon à Bordeaux, sera de **2 fr. 50** à 3 fr. 35 par tonne.

Comment un trajet de 14 kilomètres, trajet non grevé d'un transbordement, peut-il occasionner pareille dépense? 14 kilomètres à 05 c. par tonne et par kilomètre, cela représente 70 c., au lieu de 2 fr. 50 et de 3 fr. 35. Encore faut-il déduire 17 c. pour le transbordement, s'il est vrai, comme le dit l'exposé des motifs (page 6), que cette opération ne soit pas plus coûteuse.

En supposant donc qu'un charbon aussi friable que celui de Champagnac ne subisse aucune dépréciation dans l'opération du transbordement, supposition impossible, il resterait une économie de 53 c. par tonne, au lieu de **2 fr. 50 et de 3 fr. 35.**

L'intérêt de l'argent, l'amortissement du capital nécessaire à l'établissement du chemin national : la Compagnie de Champagnac ne s'occupe pas de tout cela. Économie de 53 c. sur le parcours total de Champagnac à Bordeaux : voilà la valeur réelle de l'intérêt national mis en avant.

Et la Compagnie de Champagnac va dépenser 25 millions environ, quoiqu'elle accuse une dépense moindre, pour obtenir cette économie! Combien faudra-t-il qu'elle répète de fois son économie de 53 c. pour combler le vide de 1,250,000 fr. fait annuellement dans sa caisse par l'intérêt de l'argent engagé, les frais d'exploitation et les dépenses nécessaires pour établir le service des voyageurs et des marchandises étant négligés.

Il y aura donc un déficit annuel. M. Mony lui-même l'avoue, page 13, dans sa lettre du 8 mars 1875.

Je sais bien que l'on répondra ainsi à cette objection : Ce n'est pas seulement une économie de 14 kilomètres que veut réaliser la Compagnie de Champagnac, ce qu'elle veut, c'est une économie des frais de transport sur la totalité du parcours de Champagnac au Buisson, peut-être de Champagnac à Bordeaux.

Eh oui, c'est bien cela. Mais cette économie nul ne peut la favoriser sans ruiner la Compagnie de Clermont à Tulle, et sans mettre à néant les espérances de trafic qu'on lui avait données.

Si la Compagnie de Champagnac a le droit d'obtenir cette économie par le moyen qu'elle a adopté, quelle est la ligne de chemin de fer en exploitation qui ne sera pas menacée dans son existence, quelle est la ligne de l'avenir qui offrira une sécurité quelconque aux concessionnaires futurs?

Nous avons besoin de crédit, de beaucoup de crédit, pour nous relever de nos désastres et rétablir l'équilibre dans nos finances. Le moment est donc mal choisi pour faire l'application d'une théorie qui ne peut que ruiner notre crédit.

Les frais de transport d'une tonne de houille emmenée par la Compagnie de Champagnac sur son chemin de fer mixte représenteront-ils une somme inférieure à 05 c.? Nous avons de fortes raisons pour en douter.

Si les frais ne représentaient que 05 c., pour quelle raison imposerait-on une dépense de 10 c. à ceux qui voudront utiliser la voie par la vallée de la Dordogne?

Mais admettons que les frais de transport soient nuls. L'économie serait donc de 114 multipliés par 05 c., soit 5,70. Cette économie, pour 200,000 tonnes, représenterait............................ 1,140,000 fr.
et l'intérêt des sommes engagées représente. 1,250,000
Si la Compagnie de Champagnac ne transporte que 200,000 tonnes (et personne ne sait en ce moment si elle pourra atteindre cette production), l'économie se traduira

donc par *moins*.......................... 110,000 fr.

On dit encore : Plus tard, la Compagnie d'Orléans terminera le réseau de Bergerac à St-Denis par le Buisson, et la ligne la plus directe entre Champagnac et Bordeaux sera établie. Il y aura donc encore là une économie dans le nombre des kilomètres à parcourir.

Croit-on donc qu'il faut tirer l'échelle lorsque la Compagnie de Champagnac a parlé?

Nous avons déjà établi qu'une ligne de Vendes à Saint-Denis même, passant par Mauriac et Pleaux, et se raccordant, vers Mercœur, à la ligne décrétée d'Aurillac à St-Denis, serait plus courte de 9 kilomètres (transbordement négligé) que la ligne projetée par la vallée de la Dordogne.

Il serait non moins facile d'établir qu'une abréviation de parcours de plus de 34 kilomètres pourrait être obtenue au moyen d'un embranchement partant de Brives et se dirigeant en ligne droite vers le Bugue ou même vers Sarlat, comme le voulait le département de la Corrèze, à l'époque où il avait conscience de ses intérêts et de l'importance des raccordements à Brives.

Je tiens à noter en passant que la Compagnie de Champagnac a, pour les besoins de sa cause, mesuré les distances à partir de l'extrémité sud de sa concession et que, comme il y a de la Graille au Deveix une distance de plus de 20 kilomètres, son argumentation de ce chef, ainsi que ses précédentes argumentations, manque de pertinence et de vérité.

Aucun argument ne tient dans cet amalgame d'idées mal soudées qui s'étale au fond du raisonnement de la Compagnie de Champagnac.

Monsieur le Ministre le voit bien, mais ce qu'il semble voir en première ligne, c'est la nécessité de créer un précédent pour modifier les règles des tracés, admises en 1842. Il décrit tout au long son point de vue, pages 5 et 6 de l'exposé des motifs : « La Compagnie de Champagnac, « dit-il, donne un exemple qui pourra être utilement suivi « dans beaucoup de cas. Dans de telles conditions, l'in-« dustrie privée pourra aborder l'établissement des lignes « qui, sans cela, seraient inexécutables. »

Nous ne reviendrons pas sur ce que nous avons dit ailleurs touchant les inconvénients et les dangers des chemins à voie étroite. Nous nous bornons à ajouter que ce qui séduit le plus dans ce nouveau système, c'est l'économie. Or, il y a des économies coûteuses et des dépenses fructueuses, et rien, le plus souvent, n'est aussi cher que le bon marché.

Nous ne sommes pas encore ruinés, que diable! Si nous le sommes, nous ne voyons pas pourquoi l'Etat accorderait à la Compagnie de Champagnac, en même temps qu'une subrogation à son droit d'expropriation, une subvention de 2,140,000 fr., cela pour économiser à cette Compagnie un parcours de 14 kilomètres, pour créer deux lignes parallèles, et à faible distance l'une de l'autre, allant d'Eygurandes à Bordeaux, deux lignes pour transporter à Bordeaux des produits dont personne ne connaît le tonnage, s'exposer ainsi à rendre une de ces lignes inutile, à ruiner une Compagnie qui existe en vertu d'une loi et qui a rempli jusqu'à ce jour ses engagements.

La théorie économique de Monsieur le Ministre conduit droit à l'abandon du plan général du réseau de nos chemins de fer. Elle nous placera vite, grâce à la loi de 1865 sur les chemins secondaires, en présence de ce morcellement sans plan arrêté, sans idée suivie dont on se plaignait si amèrement avant 1859.

De tous les coins de la France vont surgir des réclamations analogues à la réclamation de Champagnac, et, par petites subventions de 2 à 3 millions, l'Etat émiettera toutes ses finances et se verra bientôt en présence d'obligations disproportionnées avec nos ressources.

Cette théorie est funeste au point de vue financier, dangereuse au point de vue de la justice distributive. Le moment pour tenter l'expérience n'est pas plus opportun qu'il ne l'était au 3 août 1872, lorsque M. Caillaux proposait d'ajourner l'engagement que devait prendre l'Etat de payer la subvention de 28 millions à la Compagnie de Clermont à Tulle.

L'intervention de l'autorité dans le domaine du travail est aussi dangereuse lorsqu'elle favorise que lorsqu'elle entrave le travail, plus dangereuse peut-être, et le cas spécial de la Compagnie de Champagnac, qui semble opposé à toute idée de monopole, est au contraire noyé dans le monopole.

Voilà déjà les mines d'Ahun, de Commentry, de St-Eloy, de Champagnac, dans la même main. Dans quelques jours peut-être les mines de Vendes, de Messeix, de Singles, du Chavanon, du pont d'Auze et d'ailleurs, seront conquises par voie d'annexion.

Voilà un chemin de fer entre les mains de cette Compagnie industrielle. Les usines qui vont se créer seront, l'une après l'autre, un fief de cette Compagnie, qui s'étendra peut-être jusqu'à Decazeville, jusqu'à Brassac et jusqu'au Creuzot.

Le monopole ne peut pas s'arrêter. C'est une des conditions de son existence. Il faut qu'il mange toujours ou qu'il meure. Où tout cela s'arrêtera-t-il? C'est pourtant au nom de la liberté qu'on crée l'esclavage industriel, qu'on établit les monopoles qui doivent détruire la société. La Compagnie de Clermont à Tulle, elle, n'offrait aucune espèce de danger. Placée juste dans le milieu qui sépare les grandes Compagnies des Compagnies de l'espèce de la Société de Champagnac, elle servait d'appui, de base au gouvernement dans la lutte qu'il est destiné à soutenir contre les accaparements d'en haut et les accaparements d'en bas. Il y a dans ces Compagnies moyennes une puissance que l'Etat, à mon avis, a le tort de négliger.

Dans une lettre du 8 mars 1875, M. Mony, administrateur des mines de Champagnac, soutient que la construction de la ligne par la vallée de la Dordogne ne constituerait pas un moyen de détournement au préjudice de la Compagnie de Clermont à Tulle. « Notre demande, dit-il, « a pour objet une concession allant d'un point terminus « d'un embranchement du chemin de fer de Clermont à « Tulle à un autre point que ce chemin de fer ne dessert « pas, qui est situé en dehors et au-delà du triangle des- « siné par son tronc principal et son embranchement. La « ligne de Vendes à St-Denis *prolonge* l'embranchement « d'Eygurandes à Vendes dans une direction qui n'a point « Tulle pour but direct ou indirect et qui n'y conduit « pas. »

Voilà un raisonnement de première force et que feu Nicolle ne connaissait évidemment pas.

Est-ce que M. Mony n'a pas lu l'exposé des motifs du projet de loi présenté à la Chambre, dans la séance du 26 juillet 1872, par M. Thiers, président de la République, et M. Teisserenc de Bort, ministre de l'Agriculture et du Commerce? Il verrait, s'il voulait bien lire ce document, qu'il ne s'est jamais agi de Clermont ni de Tulle, qu'on a visé seulement un chemin allant de *Lyon à Bordeaux, rétablissant la communication que la route nationale N° 89 avait ouverte entre Bordeaux et la Suisse, par Clermont, Lyon et Genève, un chemin dont l'embranchement de Vendes permettrait aux charbons de Champagnac (et d'ailleurs) de venir à Bordeaux faire concurrence aux houilles Anglaises.*

Dans la séance du 30 juillet 1872, M. le baron de Jouvenel, rapporteur, parle encore de la nécessité d'abréger de plus de 60 kilomètres la distance qui sépare la Suisse de Bordeaux. « Il s'agit aujourd'hui, dit-il, de n'imposer à « ce trafic qu'un parcours de 60 kilomètres en le dirigeant « vers Montbrison, Clermont, Tulle et Périgueux. Ce che- « min doit remplacer sur le littoral de l'Océan, par de la « houille Française à bas prix, *les charbons anglais* qui se « vendent à cette heure 30 à 35 fr. la tonne. »

Dans la séance du 3 août 1872, la même idée se reproduisait encore. « Le chemin, disait le rapporteur, a pour objet de faire sortir du pays desservi des richesses houillères destinées à chasser du territoire français *les houilles anglaises.*

Nous visons Bordeaux par la plus courte distance, dit M. Mony.

Et la Compagnie de Clermont à Tulle donc, que vise-t-elle?

N'est-elle pas la ligne elle-même de Clermont à Bordeaux.

Il y a des chemins plus courts que le chemin par le tracé qui a été adopté Cela est possible, mais il y a également des chemins plus courts que le chemin proposé par la vallée de la Dordogne.

Le chemin de St-Denis à Champagnac, dit M. Mony, hâtera l'exécution du chemin de St-Denis à Aurillac.

Nous savons très bien à l'adresse de quel personnage est dirigée cette insinuation, mais nous savons aussi que ce personnage sait lire la carte et qu'il verra vite que pour aller d'Aurillac chercher du charbon à Champagnac, il y a par Pleaux et Mauriac un chemin de moitié plus court que le chemin passant par St-Denis.

Le tracé par la vallée de la Cère, ajoute le même M. Mony, sera abandonné, et les deux chemins auront un tronc commun de St-Denis jusqu'à Beaulieu ou Argentat.

Ce n'est pas la Compagnie de Champagnac qui a fait la découverte de cette hypothèse.

Le chemin d'Aurillac à St-Denis est classé dans le réseau supplémentaire visé par la loi de 1868, et il est toujours dangereux de faire des modifications à des tracés adoptés définitivement. Cependant nous retenons de la théorie du représentant de Champagnac une idée émise depuis long-temps par M. de l'Epinay et le Conseil général de la Corrèze et reproduite par nous, avec quelques variantes, dans des articles précédents.

Oui, il sera plus rationnel, dans le cas même où on ne jugerait pas à propos de joindre Aurillac à Brives par Argentat, de le joindre à St-Denis par les plateaux qui s'étendent entre la Maronne et la Cère, parce qu'à partir de Laroquebrou on ne rencontre aucun pays habité ni habitable, aucun endroit accessible aux populations riveraines dans la gorge que parcourt le tracé.

Oui, cela serait plus rationnel, de même qu'il serait plus rationnel d'abandonner la gorge profonde, tourmentée et déserte de la Dordogne et de relier Vendes d'un côté à St-Denis, de l'autre à Aurillac par un chemin plus court établi sur les plateaux.

Le pays, d'une immense richesse, offre sur tout le parcours du tracé des affleurements qui n'ont pas encore été étudiés suffisamment et qui courent sans discontinuation de Decazeville, en passant par St-Antoine, en passant par Pers, où M. Majonenc a fait, il y a 20 ans, des affouille-

ments concluants, par St-Martin-Cantalès, les vallées de la
Maronne et de l'Auze jusqu'à Vendes.

Ah! la construction du chemin de Champagnac à Saint-
Denis est de nature à activer la construction du chemin
d'Aurillac à Saint-Denis! Moi je crois que c'est juste le
contraire qui arrivera. On fera peut-être, dans quelques
trente ans, un petit embranchement industriel de Lacapelle-Viescamp à Argentat. Quant à la ligne d'Aurillac à
St-Denis, *on ne la fera jamais;* tandis que cette ligne de-
viendrait indispensable dans le cas où le prolongement
d'Eygurandes à Vendes serait dirigé, par Mauriac et
Pleaux, soit vers le Pont d'Orgon, soit vers Mercœur.

« La Compagnie de Champagnac offre les garanties né-
« cessaires pour construire son chemin de fer, et la Com-
« pagnie d'Orléans est complétement étrangère au chemin
« de St-Denis à Champagnac. »

M. Mony l'affirme, et il espère que sa parole suffit.

Il ne se trompe pas, sa parole est, en effet, suffisante.

Si nous ne la jugions pas telle, notre position d'adver-
saire nous ôterait le droit de la contester.

M. Mony avouera pourtant que la Compagnie de Clermont à Tulle pouvait facilement prendre le change. Le
cui prodest fecit n'a jamais été mieux accusé que dans
cette circonstance.

La Compagnie d'Orléans possède déjà les mines et les
usines d'Aubin. Elle pourrait bien être intéressée dans les
mines de Champagnac. Une fois le monopole enfourché,
il faut courir, toujours courir. Le monopole est le seul
cheval sur lequel on ne risque de se casser le cou que
quand il s'arrête.

La Compagnie d'Orléans, flairant qu'un embranchement
d'Aubusson à Eygurandes, et un autre embranchement de
Vendes à Lacapelle-Viescamp, étaient de nature à réduire
à des rôles secondaires ses deux lignes de Toulouse à
Paris par Arvant d'un côté, par Périgueux de l'autre, avait
un intérêt évident à se mettre en travers de l'embranchement d'Eygurandes à Vendes. Elle n'a pas pu ne pas voir
que le charbon de Champagnac était l'unique appât de

toutes les demandes en concession, qu'en enlevant le charbon on arrêtait l'embranchement d'Eygurandes à Vendes et on coupait les jambes à tous ceux qui voulaient de Montluçon, d'Aubusson et de Limoges, diriger un chemin de fer sur Eygurandes, ainsi qu'à ceux qui avaient rêvé de joindre Vendes à Aurillac.

Elle n'a pas pu ne pas voir que seule la mine de Champagnac peut être exploitée d'ici à 2 ou 3 trois ans, que les autres mines, avec des apparences très remarquables, ne seront guère étudiées avant 10 ou 12 ans, que, par conséquent, le charbon de Champagnac constitue à lui seul l'appât présent, le seul sur lequel une Compagnie quelconque puisse raisonnablement fonder des espérances certaines.

D'un autre côté, quelque riche que soit la Compagnie de Champagnac (nous n'avons pas vu le fond de sa bourse et nous nous gardons néanmoins de douter de sa fortune), l'esprit se refuse à comprendre qu'il y ait dans le projet du chemin de fer par la vallée un avantage bien calculé. Employer 25 millions pour économiser un parcours de 14 kilomètres et une dépense de 53 centimes par tonne, c'est une spéculation au-dessus de la moyenne des intelligences.

Il n'était donc pas étonnant que l'on cherchât, sous le dehors du projet mis en avant, un but plus avouable que le but avoué.

M. Mony oppose sa parole à ces suppositions. Nous nous rendons, et sans difficulté. Après tout, la Compagnie de Champagnac a bien le droit de se ruiner comme elle l'entendra. C'est son affaire et non la nôtre.

« N'est-ce pas avant tout à l'Auvergne, dit M. Mony
« (fol. 12 de sa lettre), que profitera le travail d'extraction
« et de manipulation organisé sur une plus ou moins large
« base. »

C'est à l'Auvergne que profitera la houillère de Champagnac ! C'est peut-être pour atteindre ce but qu'on évite le Cantal sur presque tout le parcours du chemin et, ce qui est plus grave, qu'on enlève à ce pays, en laissant emporter le charbon par la Compagnie qui en est le propriétaire, toutes les chances de chemin de fer sur lesquelles il pouvait compter.

Les Auvergnats n'iront pas travailler à la houillère de Champagnac. Les Auvergnats n'aiment pas l'esclavage, ce ne sont pas des machines, ils sont nés maîtres, et préféreront toujours trafiquer de n'importe quoi, sur n'importe quelle échelle, et avec n'importe quel capital, que de s'ensevelir dans un trou sans soleil, quel que soit le salaire qu'on leur offrira pour y aller.

Il viendra, comme partout ailleurs, à la mine de Champagnac, des Piémontais, des Italiens, des forçats de toutes les nations, des coolies Chinois. Tant qu'il y aura un parapluie à vendre, une savate à rapiécer, un morceau de vieux cuivre à négocier, les Auvergnats fuiront les attaches plus ou moins dorées de la houillère de Champagnac.

« On nous taxe d'intérêt privé, s'écrie M. Mony. Est-ce
« qu'avant l'intérêt privé, il n'y a pas chez nous, comme
« chez nos voisins, *l'intérêt de la classe ouvrière*, qui est
« assurée de percevoir les fruits de son travail avant que
« la Compagnie de Champagnac encaisse un centime de
« bénéfice. »

Ceci est touchant. L'intérêt de la classe ouvrière ! On ne voit pas très bien quelle relation il se peut trouver entre la question dont il s'agit, et l'incartade du philanthrope de Commentry. En y regardant de près, on verrait même que l'intérêt de la classe ouvrière serait plus largement satisfait si on travaillait de suite, et si on pouvait commencer à expédier le charbon dans moins de 2 ans, comme cela arriverait, si la Compagnie de Clermont à Tulle n'était pas entravée, qu'il le serait si on cédait aux exigences de la Compagnie de Champagnac, laquelle n'aura construit son embranchement que dans 6 ans. Mais passons.

C'est aux sons de la flûte éolienne que les heureux ouvriers travailleront dans les puits embaumés de Champagnac. Des flots de malvoisie couleront de toutes les fontaines. Des bals champêtres, tout émaillés de fleurs, réuniront le soir les fortunés habitants de ce nouvel Eden.

Qui sait s'il n'y aura pas aussi une banque du peuple dans le style de celle qu'avait rêvée Proudhon, quelque phalanstère humanitaire calqué sur le phalanstère de Shreveport ?

Qui sait si, s'appuyant sur le calcul des grèves fait par certains industriels Belges, les industriels de Champagnac n'offriront pas à leurs *collaborateurs* un logement qui pourra devenir la propriété de ceux qui auront été sages et auront bien travaillé sans relâche pendant 20 ou 25 ans ?

Il y a à Champagnac une barraque que j'avais prise, dans ma naïveté, pour un établissement destiné à permettre le traitement de la terre réfractaire du communal, et qui pourrait bien être le premier des palais que la Compagnie de Champagnac donnera en fief incommutable à ses ouvriers.

Que tout cela est vieux ! Tout le monde sait bien que la loi de l'industrie est de produire au meilleur marché possible, que pour produire au meilleur marché possible il faut payer le moins possible les ouvriers. Ce qu'on a fait à Commentry, on le fera à Champagnac. Les ouvriers seront là ce qu'ils sont ailleurs dans les mains des industriels : des machines à produire de l'argent et rien de plus.

Je me souviens d'avoir assisté, à St-Didier-la-Séeauve, lors de la noce de Mlle Dorian, à une conférence que donnait aux ouvriers de l'usine M. Jules Simon. Association, progrès, liberté : voilà les mots qui sortaient le plus souvent de la bouche de l'orateur, et le public applaudissait. Parler d'association à de pauvres diables qu'un contre-maître peut expulser à tout instant et sous n'importe quel prétexte, parler de progrès à des malheureux que la loi de la division du travail a transformés en machines, parler de liberté à des esclaves ; autant eût valu employer du pétrole pour éteindre un incendie. Et pourtant le public applaudissait.

Pauvre public, on te bernera donc toujours, et tu prendras donc toujours pour paroles d'évangile les discours humanitaires des princes de l'Industrie.

« Oublie-t-on, continue M. Mony, la contrée abrupte,
« sauvage, que traversent la Haute-Dordogne et la Su-
« mène, et réfléchit-on qu'on ne va à rien moins qu'à la
« déshériter à tout jamais d'un bienfait auquel elle a tout
« autant de droit que les régions les plus favorisées par la
« nature et la civilisation. »

Oui ! voilà un argument. Le pays est désert. Il n'y a
aucune raison pour le traverser « Le petit trafic à espérer
« du service public sera loin de compenser les charges
« imposées à la Compagnie. Il est vrai, dit-on (fol. 9 de
« l'exposé des motifs), que la contrée traversée n'offre
« que des ressources de trafic à peine suffisantes pour
« couvrir les frais d'exploitation, et ne laisse, pour l'ave-
« nir, aucun espoir d'une compensation de ce surcroît de
« charges.

Et pourtant, ce pays où il n'y a personne a autant de
droits que les autres aux bienfaits qui résultent de l'établissement d'un chemin de fer.

En vérité, ce raisonnement est de premier ordre.. Il dé-
passe tellement les limites dans lesquelles se meuvent les
idées reçues, que je n'ai pas le cœur d'en scruter et d'en
interpréter le fond.

« Il n'y a pas de raison, dit en terminant M. Mony
« (fol. 15), pour que le chemin de Saint-Denis à Champa-
« gnac fasse éprouver à la Compagnie de Clermont à
« Tulle le moindre embarras dans la réalisation des res-
« sources dont elle a encore besoin, surtout assurée,
« comme elle l'est, du concours d'un puissant établisse-
« ment financier. »

Obliger une Compagnie à montrer le fond de sa bourse
devant un public qui ne doit pas croire que les bourses
des grandes entreprises aient un fond, est toujours, quoi
qu'en dise M. Mony, un croc-en-jambe pernicieux.

La Compagnie de Clermont à Tulle a été honnête, plus
honnête peut-être que ne le supposait la Société de Champagnac. Elle a dit loyalement : « J'ai les ressources né-
« cessaires pour construire le chemin de fer que j'ai en-
« trepris, mais je ne puis, de gaîté de cœur, sacrifier les

« millions de mes actionnaires pour construire un em-
« branchement qui perdra toute sa raison d'être, si la de-
« mande de la Compagnie de Champagnac est admise. »

M. Mony croit que cet aveu n'a aucune portée sur le
crédit de la Compagnie de Clermont à Tulle. Il est seul,
bien certainement, de cet avis, et, quoiqu'il s'exprime à
ce sujet de la façon que nous venons d'indiquer, il est
douteux qu'il considère comme un instrument de crédit de
fixer le chiffre que l'on possède, quelque élevé que puisse
se trouver ce chiffre. Il se garde bien, dans sa lettre, de
poser des limites à sa solvabilité et à celle de sa Compagnie, et proteste, au contraire, contre une insinuation de
la Compagnie de Clermont à Tulle, basée sur l'écart entre
la somme de 2,000,000, représentant le capital social de la
Compagnie de Champagnac, fixé par l'article 6 des statuts
du 10 mai 1873, et la dépense que nécessitera l'établissement du chemin industriel.

Puisque M. Mony finit par cette observation, nous
allons suivre son exemple ; quelque répugnance que nous
ayons à laisser sans réponse d'autres erreurs répandues
dans le travail de la Société de Champagnac, il faut pourtant ne pas trop mettre à l'épreuve la patience du lecteur.

Pauvre lecteur ! tu es encore plus à plaindre que moi !

Z.

Aurillac. — Imprimerie A. PINARD, rue Neuve et rue de la Bride.